わかってしまう量子論

バウンダリー叢書

わかってしまう
量子論
あなたの観測が宇宙を変える

福士 和之
Fukushi kazuyuki

海鳴社

はじめに

　宣伝は最初にしておこう。実は、この本は私にとって二冊目の上梓となる。一冊目は『わかってしまう相対論』という。まだ絶版にはなっていないようなので、できれば、そっちも買って読んでもらいたいと切望している。（笑）

　この『わかってしまう量子論』も、書きたいコンセプトは『わかってしまう相対論』と同じである。気張らずに物理を面白くわかってもらおう、というのがそれだ。しかし、いうは易いが実際にこれをやろうと思うと結構難しい。

　私が、物理の大家であるならば、色々な手段はあるのだろうが、残念ながら私はプロの研究者でもないし、得意な分野を持っているわけでもない。だから私には、理論物理学者が書くようなベストセラー物理本を書くことはできない。しかし。私は高校三年のとき、自分の意志で理学部物理学科という進路で大学を選んだ。大学では何にでも手を出しすぎて発散し、間違っても優等生とは呼ばれなかったが、卒業して物理と関わりのない職業についても物理への憧れは消えず、ますます大きくなっていった。研究者ではない立場で、物理の進歩を追い続けてきたいま現在の私は、研究者と素人の中間にいる人間なのだと思っている。

　おこがましいいい方をさせてもらうと、最先端の物理を研究するプロの仕事を、素人に「物理ってこんなに面白いんだ

よ」と感じて貰うための橋渡しをすることが私の願いである。プロが扱う物理は、数学という言葉で語られ、素人にはなかなか垣間見ることができない遠い世界である。しかし物理学者たちは、数学が好きで物理をやっているわけではない。あくまで数学は物理を厳密に記述するツールにすぎない。ならば、ツールに精通していなくとも、物理の面白さをわかることができるはずだ。これが私のスタンスである。私の物理への憧れを皆さんと共有するのが夢なのだ。

　前置きはこのくらいにして、ここからが、「はじめに」の本題である。

　二十世紀、物理理論の巨峰といえば、私は「相対性理論」と「量子論」の二つを挙げたい。（と偉そうにいったが、物理学に多少とも関心のある者なら誰でもそういうだろう。）

　それほど著名な二つの理論なのだが、実は「相対性理論」までは「古典物理」と呼ばれている。大学で理系へ進んだ人の一部でなければ、きちんと「相対性理論」を学んだ人はいないはずなので、そのような専門的理論がなぜ古典なのか、という疑問をみなさんは当然持つことだろう。

　この理由は、「決定論」に基づくか否かという点で区別される。（「決定論」の詳細は本書の中で詳しく述べる。）「相対性理論」は決定論に基づくから古典物理に分類されてしまうのである。

　決定論とは、原理的に宇宙の森羅万象は、過去から未来まで全て決定している、という立場のことである。

　普通に考えてみよう。この広大な宇宙は、何からできあがっているか。膨大（それこそ文字通り天文学的）な原子からで

はじめに

きているだろうことに異存はないと思う。それならば、それら原子の全ての位置と速度（どちらへどの程度の速さで運動しているか）がわかっており、さらに原子と原子の相互作用（かまいあい）がわかっていれば、遠い過去から遥か未来まで、宇宙で起こったこと、起こるであろうことは全てお見通し、という立場を「決定論」というのである。

ビリヤードの玉突き台とその上の数個の玉の動きなら確かにそうだろうが、全宇宙となれば玉（原子）の数が多すぎて現実には把握できるわけがない、という意見は健全ではあるが、そこはそれ、「原理的には」わかるはずだ、とするのが方便というものである。

では「量子論」はどうなのか？　そう、「決定論」に従わないのである。なぜか、それを納得の行くまで考えてみよう、というのが本書の目的の一つである。

「相対性理論」については、知っているに越したことはないが、それを特別に学んだことがない人にも「量子論」をわかってもらおうというのが方針だ。ただ、話の流れの中で、前提としてわかっておいてもらわないと意味の通じない場面も多々あるので、それらについては、「相対性理論」に限らず、コラムの形式で所々に余談をはさんで行くつもりである。

「量子論」は「相対性理論」より知名度は低いが、「相対性理論」よりも皆さんに興味を持っていただける話題であると私は考えている。第一に数式が少ない（安心しましたか）。第二に登場人物が多く、彼らの個性と共に話題に不足がない。

「量子論」は現代物理の最先端を理解するには欠かせない基礎なのである。みなさんが「量子論」を楽しく知って、さ

らにその先の「素粒子論」「宇宙論」に興味を持っていただけたら、これに勝る歓びはない。

目　次

はじめに …………………………………………… 5

序　章 ……………………………………… 13
　【コラム01──相対性理論】 15

第1章　プランクの量子 ……………………… 18
　1．全ては見識の産物　18
　2．電子の発見　20
　3．原子モデル　23
　4．量子の誕生　27
　5．黒体放射
　6．とびとびのエネルギー　37
　【コラム02──ブラックホールの温度】 42

第2章　ボーアの量子条件 ……………………… 45
　1．生みの親から育ての親へ　45
　2．不連続な現象は…　47
　3．ボーアの量子条件　50
　4．古典物理学との決別　54
　5．若き物理学者はコペンハーゲンを目指す　57
　【コラム03──プロジェクト×】 60

第3章　ハイゼンベルグの不確定性原理…………*63*

1．ラプラスの悪魔　63
2．測定すると…　66
3．不確定の思考実験　70
4．「粒子」と「波動」の意味　75
5．もう一つの不確定　79
6．時間とエネルギー　82
【コラム04——波動の運動量】　86

第4章　量子論的「場」とは？……………………*88*

1．ファラデーの「場」　88
2．電気を溜める話から…　91
3．電磁場ってなんだ？　94
4．電磁カスケード・シャワー　98
【コラム05——物理と数学】　102

第5章　ディラックの海 ……………………………*104*

1．ディラック！　104
2．驟馬電子　107
3．量子論的真空　111
【コラム06——粒子加速装置】　114

第6章　シュレーディンガーの猫……………*118*

1．波動関数　118
2．幽霊波　121
3．波動関数は光速を超えて　126

4．異議あり！　129
　　5．思考の対決　132
　　6．シュレーディンガーの波動方程式　135
　　7．「猫」の生死　138
　　8．名問・珍解　142
　　【コラム07──月面バレーボール】　145

第7章　ＥＰＲ論文をめぐって……………………149
　　1．コペンハーゲン解釈　149
　　2．ＥＰＲ解釈　151
　　3．福士解釈　155
　　【コラム08──都築卓司氏】　160

第8章　量子論的な力………………………………162
　　1．原子間力　162
　　2．パウリの排他律　164
　　3．力の種類　168
　　4．根源的な4つの力　171
　　5．補足　175

第9章　量子忍法……………………………………179
　　1．絶対零度　179
　　2．霧隠れ　182
　　3．超高速　185
　　4．テレポーテーション　188
　　5．スパイ大作戦　193
　　6．壁抜け　195

終　章……………………………………………*199*
索　引……………………………………………*202*

序　章

　「はじめに」で、すでに述べたことだが、二十世紀初頭に生まれ、100年かけて発展した「相対性理論」と「量子論」は、現在においてすら、高校物理で真正面から扱われていない。高校を最後に物理学から離れてしまう人も多いことを考えると、これは憂慮すべきことである。なぜなら、それらの人々は厳密にいうと「嘘」を教わったまま、それを真実と思いこんで一生を終えることになるからである。これは大げさな表現ではない。ニュートン力学が近似的に正しい理論であり、現時点では「相対性理論」と「量子論」が正しく自然現象を説明できることくらいは教えてやって欲しいものである。

　しかし、なぜこのようなことになっているかには理由がある。それは次の二つが原因となっているのである。

・人間が「相対性理論」を実感するには、人間は余りにも小さい。
・人間が「量子論」を実感するには、人間は余りにも大きい。

　最初の相対性理論を考えてみよう。光速度は、約300000km/秒、地球から月まで、1秒ちょっとで届いてしまうほど速い。光速度に比べると、通常の人間の営みの中に

現れる速度は、あまりにも小さい。だから、相対論効果（【コラム01――相対性理論】参照）を身近に感じることがなく、長いこと、ニュートン力学が正しいと思われてきた。

　光速度が、300000km/秒という日常ではあり得ないほど大きな速度であったことに我々は感謝しなければならない。そのおかげで、自分に対して運動する物体の長さの縮みや、時間の遅れを気にすることなく（気づかず）私たちは暮らしていけるのだ。

　そしてこれから話をする量子論である。相対性理論の不変定数が光速度（c）であったように、量子論にも不変定数が登場し、それは、（h）で表わされ、プランク定数と呼ばれる。

$$h = 6.62606957 \times 10^{-34} \text{ J秒}$$

これが、プランク定数の値である。ちょっと見ただけで、非常に小さいことが理解できるだろう。単位（J秒）の話はおいおい書いて行くが、光速度がとんでもなく大きかったので、我々は相対論効果（距離の縮み、時間の間延び）を現実には感じることがなかったように、プランク定数があまりにも小さい（限りなくゼロに近い）ので、我々は量子論効果を実感することを免れている。

　これも、とてもありがたいことなのだ。もしプランク定数が大きかったら、我々が見る世界は、かなり朦朧とした世界になるだろう。空を飛ぶ鳥が、いまどこにいるかを見ようとすれば、鳥が向かっている方向や速さがわからなくなり、鳥がどちらの方向にどのくらいの速さで飛んでいるかを確かめようとすれば、鳥の姿は、奇妙にぼやける。

　こんなことが起きなくて幸いであるが、プランク定数が小

さいということは、極微の世界では、変なことが起きていることになる。そんな話をはじめよう。

【コラム01——相対性理論】

「相対性理論」を超大雑把にまとめてしまうとある原理に集約される。(原理とは、前提となる仮定のこと)

それを「光速度不変の原理」という。この宇宙で、光の速さを測ってみると、光を発する側が動いていても、測定する側が動いていても光速度は常に一定に観測されてしまうのである。この宇宙とはそういうふうにできているようなのである。

普通の人の常識と違っているはずだ。光速の0.8倍で走っている宇宙船から光を前に飛ばすと、それを、宇宙船に対して止まって脇で見ている人にも、宇宙船が発した光はやはり光速なのである。光速の1.8倍には観測されない。そんなはずはない、と思う人は多いだろうが、実際の宇宙では、光速度が一定に観測されるのである。

光速がこの宇宙で絶対(一定)であるなら、それを決定する空間(距離)と時間が共同で責任を取らなくてはならなくなる。距離/時間で表される速さが絶対一定なのだから、距離と時間が協力して速さを一定にしてやらなければならない。

この結果、ニュートン(アイザック・ニュートン 1642〜1727 イギリス)の頃のように、距離と時間はお互いに関係ありません、とはいえなくなってしまう。自分に

対してある速度で運動している物体の長さは縮み、時間は間延びして観測される、つまり距離（空間）と時間は相互に関係を持つので、「相対性理論」では二つを一つにして「時空」と呼ぶようになった。

　さてこれらのことがニュートンの時代になぜわからなかったのか、それは光の速さがあまりにも大きかったからだ。光速度は約 30 万 km/ 秒である。地球上での営みに登場する中で速いものといえばロケットの打ち上げだろうか。地球の引力を振り切って衛星軌道へ飛び出すには、11.2km/ 秒の速さが必要である。光の速さと比較してもらいたい。桁外れである。（実際 4 桁も違う）

　長さの縮みや時間の間延びの割合は以下の式で表される。

$$\frac{1}{\sqrt{1-v^2/c^2}}$$ （ローレンツ因子）

v は物体の速さ、c は光速である。とすれば v^2/c^2 は非常に小さな値となり。ロケットの速度を当てはめて上式を計算すると、1.0000000007……となる。

　従って 100m の物体なら、0.00007mm ほど縮んで観測されるはずであり、1 時間が、0.000003 秒ほど間延びして測られるはずである。おわかりのように、長さが縮んだり、時間が延びたりする量が小さすぎて、ニュートンの時代にはこの延び縮みを知ることは不可能だった。しかし現在では、このような微量な延び縮みも実験で確認されてい

序　章

るし、光速近くまで粒子を加速し、目に見えるほどの延び縮みを実現させている。この空間の縮み、時間の間延びを「相対論効果」と読んでいる。

　2011年9月、CERN（欧州原子核研究機構）のOPERAチームが光より速いニュートリノを観測したことで物議を醸した（実際にはその後の追試で、ニュートリノは光速を超えてはいなかったことが確かめられた）が、この実験も、それを覆した実験も、時間の誤差は100万分の60秒、距離は、732kmで20cmという精度であった。

第1章　プランクの量子

1．全ては認識の産物

「相対性理論」といえば、10人が10人、アインシュタイン（アルベルト・アインシュタイン　1879〜1955　ドイツ）を思い浮かべることだろう。

ところが、「量子論」といえば、みなさんは誰を思い浮かべるだろうか？

誰も思い浮かばないか、思い浮かべたとしても、人によってバラバラだと思う。それで正常である。

「相対性理論」は、ほとんどアインシュタインひとりで作られた。これに対して、「量子論」は、さまざまな物理学者達の思考錯誤によって構築された理論だからである。

そう、量子論は、複数の物理学者が、ああだこうだの結果としてできたということが重要なのである。量子論は、そもそもひとりの個性、発想からできあがるものではなかった。

そういうわけで、量子論を登場人物順、または年代順

Ａ．アインシュタイン

第1章 プランクの量子

に話して行くと、まあそれはそれで話にはなるだろうが、量子論とはなにか、がわからなくなるおそれがある。よって私が書くこの読み物では、出来事の年代順ではなく、どのようにして量子論が展開して行ったのかを追ってみることにする。

　量子論では、うんざりするほどいろいろな人が出てくる。しかし、うんざりするよりは面白がってしまえ、ということで、この読み物では、人物重視のエッセイを展開してみよう。いったい何人の物理学者が現れるか、いまのところ、私にもわからない。人を拾って行けば、この読み物もいささか趣を変え、若干なりとも皆さんの興味を繋ぎ止めることができるかもしれない、と考えている。
　何よりも前に、ひとつだけ強調しておく。

> 「物理学」とは「人間が認識しうる自然現象を説明する学問」である。

ということである。
　人間が他の生物と一線を画するのは、好奇心による知性の目を持つことである。それは、宇宙自身が生み出した宇宙自身を覗き込む目でもある。その「目」をもつ存在として人間が生まれた以上、人間が絶対に認識できないものは、存在しないのと同じことである。いま現在認識できないからといってそれを無視するのは、人間の慢心ではないのか、といわないでもらいたい。私がいいたいのは、いま認識できないことではなく、人間が「原理的に」認識できないことを、いくら理論的に語っても、確認することが不可能であれば、それは

無意味なのである、ということだ。そこを強調しておきたい。

量子論では、相対性理論以上に、上記は顕著になる。「光は波でもあるし、粒子でもある」という記述は、ニュートン物理においては、明らかにおかしい。ところが、観測の結果、波である、という結論と、粒子である、という結論が両方出てきてしまうのである。

量子論は、これを説明するところから始まる。

2．電子の発見

さて、最初に登場する人物は、ストーニー（ジョージ・ジョンストン・ストーニー　1826～1911　イギリス）という人。さて何をした人でしょう？　わからないよね。多分この人はこの後、もう出てこない。よく覚えておこう。彼は、電子の存在を理論的に予言した人なのである。

それまで、物質の究極の単位は何か、ということで、分子・原子という最小単位がほぼ理解されていた。（化学の世界で、アボガドロ（アメデオ・アボガドロ　1776～1856　イタリア）とかドルトン（ジョン・ドルトン　1766～1844　イギリス）という名前は聞いたことがあるかもしれない。彼らが、分子、原子の存在を示した。）

物質に最小単位が存在することは確かである。そして、それとは別に、電流というものが存在し、金属中を、電気を持った何かが流れていることも知られていた。

物質の量に「原子」という最小単位があるのなら、電気の量にも最小単位があるだろう、と考えたのがストーニーで

第1章 プランクの量子

あった。覚えておいて損のないのは、彼が電子の名づけ親である、ということだ。電気素量を「エレクトロン」と呼んだ最初の人が彼なのである。なんと、1891年のことである。

次に登場するのは、J．J．トムソン（ジョセフ・ジョン・トムソン 1856〜1940 イギリス）。名前を聞いたことがあるかもしれない。この人は、また後から出てくることになっている。

さて、トムソンは、真空放電を研究して、管の中の発光は、マイナスの電気の流れ（陰極線）であることをつきとめた人である。真空放電は私の記憶では、中学校でやったはずなので、思い出す人もいるかもしれない。真空放電とは、空気を抜いて極めて内部を希薄にしたガラス管の両端に電圧をかけると、管の中が帯状に光る現象のことである。

これが負電荷の流れであることを彼は示した。肝心なのは、流れているのが負電荷であることだ。これまでは（実はいまでもそうだが）、電流というのは、プラスからマイナスへ流れる正電荷であることになっている。小学校でそう習ったは

J. J. トムソン　　R. A. ミリカン　　H. A. ローレンツ

ずである。それが中学校になると、実は電線の中を流れているのは、電子という負電荷であり、電流はその反対方向に流れる、といわれる。これはたいそうおかしな話で、ここで理科嫌いになった人も多いはず。これ、なんとかならんのかね。

　さて、トムソンは、陰極線（上記の電子の流れ）が磁石で曲げられることを観測して、荷電比（電荷と質量の比）を求めることに成功した。しかし、電子一個の質量や電荷はとても小さすぎて、これを単独で決定することはできなかった。
　それを実験で求めてしまった人がいる。有名である。ちょっと思い出してほしい。そう、ミリカン（ロバート・アンドリュース・ミリカン　1863〜1953　アメリカ）である。ミリカンが出てきたら、油滴実験と覚えておくと、専門家にも感心してもらえるかもしれない。空中に浮遊する、小さな小さな油の玉に、電気を帯びさせて、その電気量がたかだか一個の電子の数倍である、ということに目をつけ、ついに電気素量を求めた。この功績により、彼は 1923 年度のノーベル物理学賞を受賞している。

　さて急ごう。電子という微小粒子のさまざまな振る舞いを調べ、それによって電磁気学的諸現象の開拓者になったのは、ローレンツ（ヘンドリック・アントーン・ローレンツ　1853〜1928　オランダ）である。どっかで聞いたことあるよね。【コラム 01──相対性理論】に出てきた「ローレンツ因子」に名を馳せる人である。この人 25 歳で大学教授になったそうである。ローレンツは、固体中、気体中の電子の状態をしつこく追いかけた人であり、エーテル中を走る物質は縮む、と

いうことをいいだして、その縮みを求める式まで作ってしまった人である。だから、相対性理論に、「ローレンツ因子」がでてくるのだ。より詳しく知りたい人は、拙著『わかってしまう相対論』を読んでいただくとよい。（宣伝）

3．原子モデル

さて前項で登場した、J. J. トムソンに、本項でも登場いただく。実は、彼は真空放電より、本項での話のほうが有名なのである。だが、前項で話した真空放電と全く無縁なわけでもない。真空放電は、真空管（昔のラジオやテレビに使われていた真空管のことではない。こういうと紛らわしいので、前項では、「空気を抜いて内部を希薄にしたガラス管」という妙な表現をしたのである）の両端に電圧をかけると、電子が走るという現象であった。つまり管の陰極から電子が飛び出すのである。電極は原子からできている。ということは、原子から電子が飛び出さなくてはならない。しかし電圧をかけなければ、管の両端は電気を持たない、中性である。

長岡半太郎　　　　A. ラザフォード

ということは、原子は、飛び出すことのできる電子と、それに釣り合うだけのプラスの「なにか」からできているはずだ、という着想を、トムソンはしたのである。

　ミリカンによって、電子の電気量（電気素量）はわかっていた。それは、荷電比（電荷と質量の比）により、電子の質量もわかったことと同じだ。電子の質量は極めて小さかった。つまり、プラスの「なにか」が、原子の質量のほとんどを占めるのである。

　そこで、トムソンは次のような形の原子を考えた。1903年のことである。

　それはプラス電荷の玉の中に、電子が入っている、というモデルだ。これをスイカモデルという。スイカとは西瓜である。つまり西瓜の果肉部分がプラス電荷の玉、種が電子である。スイカのおかげで、とっても説明しやすいモデルである。

　だが、現代に生きるみなさんは、すでにこのモデルが間違っていることを知っている。みなさんが多分知っているであろうモデルを、惑星モデルという。

　つまり、プラス電荷の「なにか」の周りを電子が回っているというモデルだ。これも非常に理解しやすいモデルである。このモデルは、トムソンが、スイカモデルを発表した直後に提唱された。さて、ここで問題だ。この惑星モデルを提唱した人は誰か？

　知っている人は知っている。知らなかった人はこの機会に是非覚えてほしい。長岡半太郎（1865〜1950　日本）、もちろん日本人である。この人を、名前だけからイメージしてみてほしい。どんな人だったとお思いか？　多分ご想像の通

第1章　プランクの量子

り、頑固親父で一徹な人だったそうである。この時代、物理学会では（というより世界的に）、日本という国は、あまり知られていない。日露戦争で、多少日本が有名になるのは、この惑星モデルの5年後のことだ。

そもそも長岡博士が生まれた1865年というのは、日本の元号でいうと慶応元年、まだ明治の代になっていない。そして没したのが1950年、私が生まれた年の8年前である。計算すると享年84歳か85歳になる。意外と江戸時代って近いのだなあ、と思ってしまった。「研究一途で、日露戦争があったことを知らなかった」という噂になった人が、この長岡博士である（実際は、本当に噂にすぎなかったらしい）。しかし、その一徹さで若い研究者に檄を飛ばし、日本の物理を育てたその功績は決して小さくないのである。知らなかった人、もう一度いう、長岡半太郎博士の名を頭に刻んでほしい。

実は、今日よく知られている長岡博士の惑星モデル、発表当時は世界の物理学会で、評判が悪かった。それは、惑星モデルだと、原子の集まりである物質が、スカスカになってしまうことである。これを妙だと考えた人が多かったらしい（これは後に素粒子論においても大きな問題となる）。

トムソンか、長岡か、その論争に決着がつくには、この後10年待たねばならなかった。

決着を付けた人が、ラザフォード（アーネスト・ラザフォード　1871〜1937　イギリス）である。ラザフォードは、ニュージーランド生まれであるが、当時オーストラリアもニュージーランドも大英帝国に属していたから、彼もイギリス人である。

ラザフォードは、原子物理学の創始者といっていい。実は、

私の大学時代の専攻は、原子物理学である。従って、この辺の話は、多少詳しい（量子論の話でこんなことを威張っても仕方がないが）。

　ラザフォードは、原子から飛び出す放射線には、アルファ線とベータ線、ガンマ線があることを突き止めた人である。彼は、アルファ線に注目した。アルファ線は、プラス電荷の粒なのである。それもかなり重い。真空放電のように、原子が電子を放出する場合は、すぐに周りから、電子を補充してしまい元に戻るが、アルファ線を放出した物質は、元に戻らず、どうも原子自身を壊しているらしいことを、ラザフォードは発見する。時に 1909 年。これは、実は画期的なことだ。つまり、ギリシャ時代の昔より、アトム（これ以上分割できないものという意味）といわれた原子が、アルファ線を放出して変容することをいいだしたことになる。よって原子はアトムではなくなった。（言葉のあやですよ、いまでも、原子を英語でいうと、"atom" です。）

　さらにラザフォードは、アルファ線を、金属箔（例えば金などを薄く広く延ばしたもの）にぶつけて、何が起こるかを実験した。トムソンのモデルであれば、アルファ線の跳ね返りは、均一であるはずだ。ところが実験結果は驚くべきものだった。

　ほとんどのアルファ線は、金属箔を何もないかのように、すり抜けてしまうのである。そして、時たま何かにぶつかったかのように、カチンと曲げられるのだ。

　長岡モデルの勝利の瞬間であった。原子の中心には「芯」があることが証明され、これを彼は、「核」と名づけた。そして、

電子と電気量は同じだが、とても重いプラス電荷の粒子、つまり陽子があることを示したのだ。

そして、1907年、ラザフォードは、アルファ線がヘリウム原子核の流れであることを発見し、さらに、ベータ線は、電子の流れ、もう一つのガンマ線は、波長の短い電磁波であることを発見する。そして彼はさらに、中性子を予言することになる。

ラザフォードは、原子変容でノーベル化学賞を受けている（1908年）が、彼の弟子であるチャドウィック（ジェームズ・チャドウィック 1891～1974 イギリス）も、1935年に中性子発見で、ノーベル物理学賞を受賞している。

しかし、私がラザフォードを好きなのは、次のエピソードによる。

第1次世界大戦前に、ウィーンの科学アカデミーから貸与されたラジウムを、大戦後、没収しようとしたイギリス政府を自ら説き伏せて、それ相当の金額で買い取らせた事実がある。素敵な人ではないか。また、彼の生地ニュージーランドの100ドル紙幣には彼の肖像画が使用されているそうである。

これは、量子論誕生前夜の話である。

4.「量子」の誕生

アインシュタインが特殊相対論を発表したのと同じ年（1905年）に、彼は光電効果を説明した論文も発表した。前者、特殊相対論のほうは、伝説的なまでに著名なので、「ア

インシュタイン＝相対論」と思っている人は多いと思うが、アインシュタインがノーベル賞を受賞した時（1921年）の功績は、光電効果の研究であった。

光電効果とは、金属の表面に光を当てると、そこから電子が飛び出してくる現象のことである。当時の認識では、光とは電磁波という波であったが、光電効果はその認識に疑問を投げかけるものであった。というのも、金属に波長の長い光（例えば赤い光）を何時間当てても電子は飛び出さないが、波長の短い光（例えば紫）を当てると瞬時に電子が飛び出すのである。これは、光が、波長に対応するエネルギーを持った粒と考えないと説明がつかない現象だった。光は波長が短いほどエネルギーが大きい粒に見えるということだ。エネルギーの小さい粒（波長の長い光）は幾つ電子にぶつけても、飛び出すだけの力を与えられないが、エネルギーの大きい粒（波長の短い光）は一つでも電子に充分な力を与えるという理屈だ。

M. プランク

J.C.マックスウェル

第1章　プランクの量子

　アインシュタインは、この粒（のような何か）に対し、光電効果の論文の中で、光量子（light quantum）という言葉を用いた。のちに光子（photon）と呼ばれる「もの」である。
　日本語で書くと、光子は、光量子から「量」の一文字を取っただけであるが、英語で書くと、全く違った概念であることがはっきりする。光子（photon）は、それまでのいわゆる光（light）とは、一線を画し明示的に粒子であることをいっている。接尾語の（…on）は、粒子のことを示す。例えば、電子（electron）、陽子（proton）、中性子（neutron）をあげればわかるだろう。
　一方量子は英語で、"quantum" という。これを日本語で量子と呼ぶのは明らかに誤訳だ、と私は思う。量子とは粒子のことではない。粒でもあり、波でもある「もの」を量子という。
　アインシュタイン（光量子）の時点では、まだ光を粒子（…on）とはいいきれず、光量子（light quantum）という歯切れの悪い言葉になった。なんといっても、そのころ光は、まだ電磁波（electromagnetic wave）という「波」であったのだ。

　それでは、光量子を以て、量子論（the quantum theory）の誕生か、というとそうもいいきれない。
　量子論の根幹を一言でいえば、「自然界は不連続である」ということである。従って、「物質は不連続である」ことがいわれた時が量子論の始まりとすれば、それは古代ギリシャ時代にまで遡ってしまう（物質は、これ以上分割できない「アトム」からできている、という考えが生まれたのは紀元前2600年のギリシャ時代だ）。
　やはり、「エネルギーですら不連続である」ということを

いった時点を量子論の誕生日としたいのである。

驚いては困るのだが、ここからの話は、1900年のことになる。アインシュタインの光量子や、前項で書いた、ラザフォードの原子モデルより前の話になる。この章の冒頭で書いたように、年代順で話を進めると、量子論を説明するには、極めてわかりにくい話になってしまうのは、これをもって理解してほしい。

ここで登場するのが本章の主役、プランク（マックス・カール・エルンスト・ルードヴィッヒ・プランク　1858～1947　ドイツ）という人である。

彼は、キールという街で生まれ、ミュンヘンで成長した。大学は、ミュンヘン大学に入ったが、途中でベルリン大学に転籍している。ベルリン大学に移った理由が物理をやりたいから、であったそうだ。欧米の良いところは、自由に大学を移ることができることである。

極東の某島国では、入った大学の名前だけが重要なのであり、入りさえすれば、それで将来が約束され、大学でなにもしなくても、卒業後は、その肩書きだけで世渡りできるのとは大違いだ。あれっ、耳が痛いぞ。

そしてプランクが大学を卒業した頃の物理学は、ニュートン力学も、マックスウェル（ジェームズ・クラーク・マックスウェル　1831～1879　イギリス）の電磁気学も完成し、もう新しい発見はない、後はどう工学へ応用するかだけ、と多くの人が考えていた。確かに、いわゆる「古典物理学」の完成時期であったことは確かだ。

第 1 章　プランクの量子

　しかしプランクは、熱力学に関心を持ち、熱力学の第二法則（エントロピー増大の法則）を中心とした研究に没頭した。プランクは理論物理学者であった。同僚達の多くは、「プランクが実験しているのを見たことがない」といった。もしかすると、全く実験をせず、「理論だけの物理」というポストを築いたのは彼が初めてかもしれない。

　そして、自然に彼は、「黒体放射」に関心を向けていった。プランクが、世紀末（1900 年）のクリスマス講演（といっても 12 月 14 日であった）で行った、黒体放射に関する発表が量子論の始まりとなる。そしてそのとき、プランク自身でさえ、その発表の意味することがわかってはいなかったのである。

5．黒体放射

　プランクの話の前に、黒体放射の話をしておく。

　私が学生のころは、「黒体輻射」といっていたはずであるが、最近は「黒体放射」と呼ばれるようである。

　まず、「黒体」とは何か？　それは、全ての波長の電磁波を完全に吸収すると考えられる物体である。全ての波長の電磁波を吸収するのだから、当然黒い。だって、光（電磁波）が反射してこないのだから。

　それでは、まるでブラックホールだ、と思った人は素晴らしい。実は理想的な「黒体」とは、ブラックホールなのである。ブラックホールは光ですら出てくることができないほど密度が大きくなったものであるから、全ての波長の電磁波が吸収されてしまう。（【コラム 02——ブラックホール】参照）

| レイリー卿 | W. ヴィーン |

　さて、黒体は温度が高くなると、温度に対応した波長の光を自ら発するのである。

　炭素の塊（木炭など）は、かなりこの「黒体」に近いが、本当の「黒体」は身近には存在しない。

余談

　仕事の関係で、製鉄所には普通の人より少し詳しい。鉄鉱石と石炭（コークス）から溶銑（溶けた鉄）を作り出す設備を高炉という。溶鉱炉のことであるが、製鉄所内では高炉と呼ぶのが一般的である。で、高炉から出る溶銑の温度は熟練した人には、色でわかるそうなのである。現在は、熱電対等の温度センサーで測られているが、熟練者の「目」の精度は10度前後であるらしい。すごいものだ。溶銑の温度にばらつきがあると、良い製品が作れないので、高温を測る温度計のなかった昔の人は出てくる溶銑の温度を色で判断して、高炉を運転していたのである。

第1章　プランクの量子

　つまり、黒体が発する電磁波の波長（一般には「色」という）で、その温度がわかるのである。実際には、常温では黒、1000℃以上で赤、もっと温度が上がるとだんだん波長の短い光を出すようになり、6000℃くらいになると、青い光を出すようになる。このときは、可視光線の全ての波長が出てくるので、「黒体」も、白く見えるというわけだ。

　製鉄所のような生産業で必要であった温度管理が、物理学者に取り上げられるようになり、やがてそれは分光学と呼ばれる一分野を築くようになる。

　ところで、理想的な「黒体」は身近には存在しない、と書いた。では物理学者は、どうやって実験をしたのか？　前述した木炭はもとより、石炭、はては煤まで使ってみたが、うまく行かない。

　それを、発想の転換で見つけ出したのが、ヴィーン（ヴィルヘルム・カール・ヴェルナー・オットー・フリッツ・フランツ・ヴィーン　1864〜1928　ドイツ）である。それは、黒い物体ではなく、内部をピカピカに磨きあげ、小さな穴一個を持った壺であった。

　なんでそれが「黒体」？　小さな穴から光を入れる。光は壺の内部で反射を繰り返すうちに、壺に吸収され、そのエネルギーで壺の温度を上げる。壺から光は出てこない。理想的な「黒体」ではないか。

　ヴィーンは東プロイセンのフィッシュハウゼン近郊の地主の一人息子として生まれた。東プロイセンはこの当時ドイツのものであったため、ヴィーンもドイツ人である（しかし現在、東プロイセンは、ロシアとポーランドの領地となってい

る)。彼はゲッチンゲン大学とベルリン大学で数学と物理を学び、博士号を得る。一時期父親の病気のため、農場経営をしたらしいが、見事にその経営に失敗、土地を売却してベルリンに戻る。そしてそこで黒体放射の研究をすることになる。

この壺を使って、測定を何度も繰り返し、ヴィーンは、黒体放射において、横軸に光の色、縦軸に光の明るさをとったグラフを描いた。(図1)

図中のグラフは、上から順に温度の高い黒体である。温度が高いほど明るくなり、ピークは、温度が高いほど波長が短い光になっている。

光の波長（λ）は、振動数：1秒間に波が振れる数（ν）で表すと、$c/\lambda = \nu$である。c は光速で一定値なので、この後は、光を波長（λ）で表さず、振動数（ν）で表すことにする。

さて、このグラフが、数学的な関数で表せないかと、物理学者は頭を絞った。

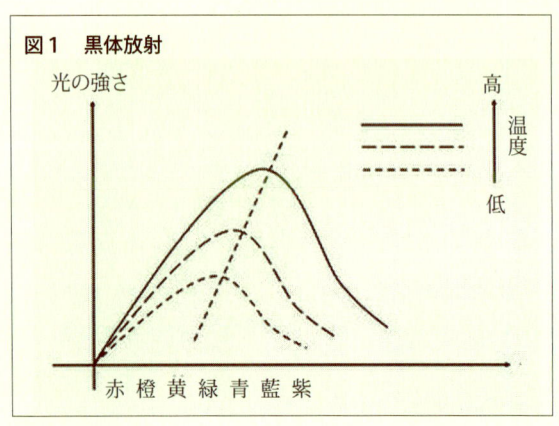

図1　黒体放射

第1章 プランクの量子

　まず、張本人ヴィーンが考えた。壺の中で激しく振動している光を、熱せられた気体分子に見立てて式を作ってみたのだ。その式は、

$$E(v) = (8\pi v^3/c^3) h\, v\, /e^{hv/kT} \qquad \cdots\cdots ①$$

であった。(とりあえず、式の意味は、どうでも良い。)この式は、振動数の大きいところ（色でいうと青や紫）で、実験値とよく一致したが、振動数の小さいほうでは、誤差が大きくなった。そもそも、光を熱せられた気体分子に見立てたところが、「光は波である」という当時の常識には受入れがたいものであった。ヴィーンの式を「青の公式」という。(次ページ図2参照)

　次に乗り出したのは、イギリスのレイリー（ジョン・ウィリアム・ストラット　1842〜1919　イギリス　第3代レイリー男爵であるため、通称はレイリー卿と呼ばれる）である。この人は、空が青くなる理由を示すレイリー散乱を発見した人である（空が青いのも物理なのである）。レイリー卿の式は、壺の中の光は、波の集合である、という正当な考えの基に式を作ったので、

$$E(v) = (8\pi v^2/c^3)\, kT \qquad \cdots\cdots ②$$

であった。こちらは、振動数の小さいところ（色でいうと赤や橙）は、実験とよく一致したが、振動数が大きくなると、全く通用しなかった。それで、これを「赤の公式」という。(こちらも、式の意味はどうでも良い。)

　プランクが、ベルリン大学の教授であったころ、上記の式が話題になっていた。プランクもこの式に興味を持って研究していたが、1900年の秋に、ベルリン大学のセミナーで、

図2 黒体放射の方程式

放射の強さ

レイリーの式……②

プランクの式……③

ヴィーンの式……①

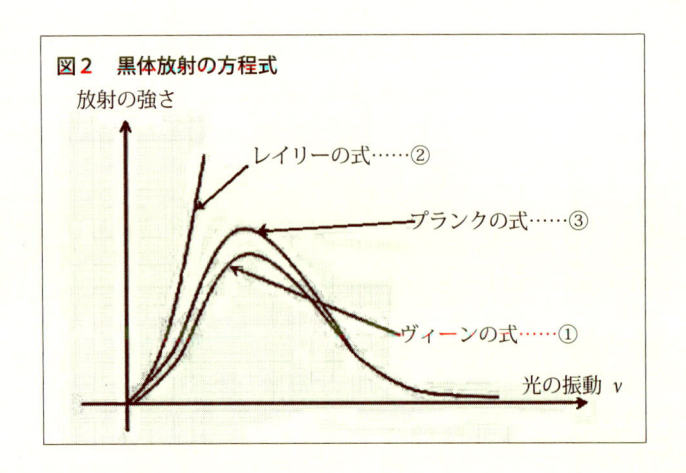

光の振動 ν

この式を解説する予定になっていて、黒体放射の問題を整理していた。

このとき、プランクの助手が、両式をいじくり回しているうちに、とんでもないことをいいだした。

「ヴィーンの式の分母から1を引くと、実験結果にぴったりの値になります！」
「本当だ、気味が悪いくらいよく一致するなあ」

そして、これが秋のセミナーで発表され、12月14日に、今度は学会で講演された。まだその時は、プランク自身にも、その式が持つ意味がわかっていなかった。彼は娘にいったという。

「もしかすると、お父さんは、大変な発見をしたのかもしれないぞ」（「もしかすると、お父さんの助手は、大変な

発見をしたのかもしれないぞ」筆者注：ジョーク、ジョーク）

　実験に合う式が先に発見され、それを説明する理論が、後追いで研究された。
　その結果プランクの式
　　　$E(v) = (8\pi v^3/c^3)hv/(e^{hv/kT} - 1)$　　　……③
は、無限等比級数になっていることがわかったのである。

6．とびとびのエネルギー

　前項までにわかったことを整理しておこう。
　黒体放射における光の強さを実験で得られた値を満たすように式を決めたら、その式は振動数（v）の関数として、
　　　$E(v) = (8\pi v^3/c^3) \times hv/(e^{hv/kT} - 1)$
となるのであった。
　そして、これは、ヴィーンの式（青の公式）の分母から1を引いたものだったのである。ヴィーンは、壺の中で激しく振動している光を、熱せられた気体分子に見立てて式を作っていたのであった。つまり、これは、光＝粒子を意識せずとも前提としていたことになる。
　ここで、(k) はボルツマン定数、(T) は黒体の絶対温度で、(e) は自然対数の底、(v) は光の振動数である。(h) については、ちょっと待ってほしい。

J. J. バルマー

ボルツマン定数：温度とエネルギーを関係づける定数
　絶対温度　　　：物質が全く運動していない状態を零度
　　　　　　　　　としたときの温度（− 273.15℃が、
　　　　　　　　　絶対温度の零度）
　自然対数の底　：$y = e^x$ という式で、y を x で微分して
　　　　　　　　　も式が変わらなくなる場合の（e）

どれも、それぞれ奥が深い。この読み物では、これ以上言及しないが、興味のある人は調べてみてほしい。（統計熱力学という分野である。）

　さて、冒頭のプランクの式は、ヴィーンの式の分母から1を引いたものである。そして、それが無限等比級数になる、とわかったのである。
　「無限等比級数」とはなにか？　これを説明すること自体は、そんなに難しくはない。高校数学で習ったはずである。
　初項を a、公比を r としたとき、$|r|$（r の絶対値）が1より小さいという条件で、無限等比級数は収束して、
　　　$S = a/（1 − r）$
で、あらわすことができる。初項を 3、公比を 1/2 とすると、等比数列は、
　　　$3 × (1/2^0)$、$3 × (1/2^1)$、$3 × (1/2^2)$、$3 × (1/2^3)$、…
であり、これらの無限数列の和が無限等比級数で、上記の場合、（$S = 3/（1 − 1/2）= 6$）である。

　さて、黒体放射におけるプランクの式が、無限等比級数に

なることを厳密に証明するのは割愛する（延々とここに書いても、多分量子論の本質ではないだろう）が、分母に現れる（－1）と無限等比級数式の比較から

$e^{h\nu/kT}$

を、公比であると考えると、公比を1、2、3、4、5、……乗したものが、等比数列になるので、$h\nu$が、$1h\nu$、$2h\nu$、$3h\nu$、$4h\nu$、$5h\nu$……と変化することに相当する。

　これが意味することは、光の強さは、その振動数（ν）の関数として見たとき、無限等比数列の和（無限等比級数）になっていて、そのときの公比は、$h\nu$を1倍、2倍、3倍…と変化させるものであり、その中間の$1.5h\nu$とか、$3.7h\nu$とかいう値は取り得ない、ということをいっている。

　プランクは、この最小単位（$h\nu$）が、エネルギーとなるように、(h)の値を決めた。それで、(h)をプランク定数という。

　　$E = h\nu$ ……　光（振動数：ν）のエネルギー

つまり、光は、($h\nu$)の整数倍となるエネルギーしか取り得ないことになる。つまり、光のエネルギーには最小単位があり、従ってそれは不連続なものなのである。繰り返すが、光はとびとびのエネルギーしか持っていないことがわかったのである。これが、量子論の始まりである。

　ちょっと急ごう。

　太陽光のようにあらゆる振動数を含む光は、プリズムを使って分光してみる（分光されたものをスペクトルという）と、虹のように綺麗な連続的な色に分かれて見える。これを連続スペクトルと呼ぶ。これに対し、ある特定の原子にエネルギーを与えた時に放射される光を分光すると、連続スペクトルにはならず、ある特定のスペクトルを持った光が何種類

か出てくる。これを輝線スペクトルという。

　面白い現象がある。高温の黒体から出てくる光を分光してみると、あらゆる振動数の光がまんべんなく存在するのではないことがわかった。連続スペクトルの所々に黒い線、つまり、スペクトルの途切れがあるのだ。これは、黒体に含まれる原子の輝線スペクトルの部分が見えなくなる現象で、つまり、原子は自分が出し得る輝線スペクトルを吸収する性質も持つのである。

　最も単純な原子である水素原子の吸収スペクトルを研究していた、バルマー（ヨハン・ヤコブ・バルマー　1825～1898　スイス）は、その途切れた振動数をある値（R：リュードベリ定数）で括り出すと、次のような数列になることを見いだした。

　　　0.1389R、0.1875R、0.2100R、0.2222R、
　　　　　　　　　　　　　　　　　　　　0.2269R……

さて、この数列に規則性はあるか？

実は、この数列は、次のように書ける。（Rは除いてある）

　（$1/2^2 - 1/3^2$）、（$1/2^2 - 1/4^2$）、
　（$1/2^2 - 1/5^2$）、（$1/2^2 - 1/6^2$）、
　（$1/2^2 - 1/7^2$）…

つまりこの数列は、

　　　$1/2^2 - 1/n^2$（nは3以上の整数）

と表現できて、このスペクトル系列は発見者の名をとって、「バルマー系列」と呼ばれることになる。

　よくまあ、こんな規則性を見いだしたものだと、私もあきれてしまうのだが、事実は事実として認めなければならない。自然数のべき乗の逆数同士の引き算とはいえ、話が旨すぎる。

第1章　プランクの量子

そして案の定、同様な系列が次々と見つかることになる。それを整理すると、次のようになる。

$1/1^2 - 1/n^2$（n は2以上の整数）　……ライマン系列
$1/2^2 - 1/n^2$（n は3以上の整数）　……バルマー系列
$1/3^2 - 1/n^2$（n は4以上の整数）
　　　　　　　　　　　　　　　　　　……パッシェン系列
$1/4^2 - 1/n^2$（n は5以上の整数）
　　　　　　　　　　　　　　　　　　……ブラケット系列
$1/5^2 - 1/n^2$（n は6以上の整数）　……ブント系列

ここに至って、明確に規則性の存在が明らかになった。このように整数のみで表される式の結果が、水素原子から出てくる光の振動数なのだ。

実は、この吸収スペクトルは、水素原子の電子が、核外から原子核の周りの軌道（いくつもある）へと落ちるときに必要なエネルギーを示している。逆に原子がエネルギーを得て電子を放出する時のエネルギー（光）が輝線スペクトルである。（次ページ、図3参照）

この数列を覚えてもらいたいわけではない。原子から飛び出す光の振動数が全て整数という、とびとびの値から作られる式で表されることに注目してほしいのである。

ここまでが、1897年から1924年の出来事である。（1900年を境に。さまざまなことが並列に発見されていることがわかると思う。）

お膳立てはできた。あとは、天才の出現を待つばかりである。

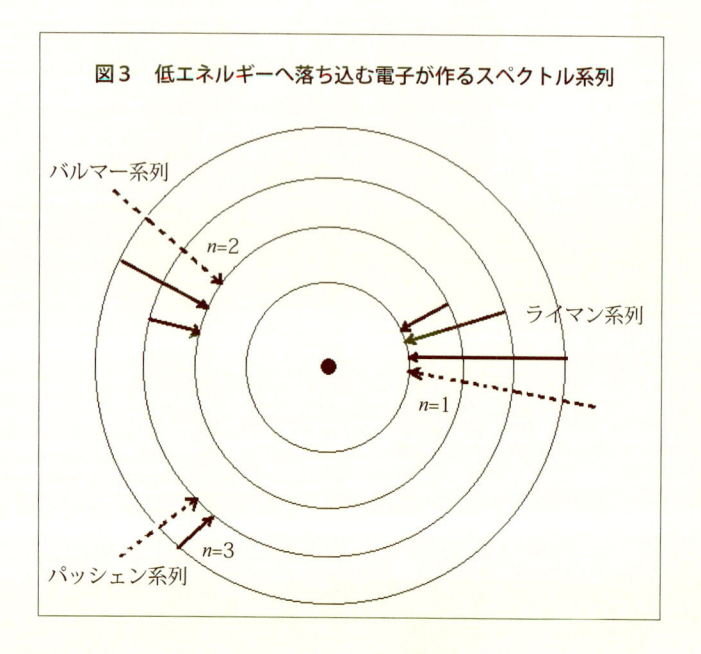

図3 低エネルギーへ落ち込む電子が作るスペクトル系列

- バルマー系列 ($n=2$)
- ライマン系列 ($n=1$)
- パッシェン系列 ($n=3$)

【コラム02──ブラックホールの温度】

ある式がある。

$$T = hc^3/16\pi^2 Gmk$$

物理をやった人なら、この式がもっとも基本的な自然定数から作られていることがわかる。

  h：プランク定数
  c：光速
  π：円周率
  G：重力定数（ニュートン定数）
  k：ボルツマン定数

という物理ではお馴染みの定数が並ぶ。

第 1 章　プランクの量子

　変数は、と見ると
　　T：温度（絶対温度）
　　m：質量
の二つとなる。どうやらこれは、温度を質量の関数で表した式であるらしい。質量に反比例して温度が上がるという式である。

　この式を導いた人物を紹介しよう。その名はホーキング（スティーヴン・ウィリアム・ホーキング　1942〜　イギリス）という。ご存じの方も多いことだろう。車いすの物理学者、宇宙論で著名な、あのホーキング博士である。

　式をもう一度眺めてみよう。重力定数（G）が分母に見える。変な所に登場するものだ。そして光速（c）が出てくるからには、相対性理論が関係している。プランク定数（h）は、これが量子論の式なんだぞ、と雄弁に物語る。さらに奇妙なことにボルツマン定数（k）まで現れる。これはエネルギーと温度の換算定数である。

　こんな、重力理論と相対論と量子論と熱力学が一度に出てくる式はいったい何の温度を示しているのだろうか。

　実は、この式はブラックホールの温度を表すものなのだ。

　えっ、と皆さん思うはずだ。だってブラックホールとは、何でもかんでも飲み込むばかりで、何も放出しないものである、という常識に反するから。

　ブラックホールが温度を持つならば、それは絶対零度であるというのが、それまでの常識だった。

　ところがホーキングは、ブラックホールの蒸発という

現象をいいだした。詳細はここでは触れないが、ブラックホールが蒸発するということは、ブラックホールが熱を持つということだ。ホーキングの登場まではこんなことは考えられないことだった。なぜなら量子論というのは、原子や電子、そして光子のように非常に小さなものを相手にしている。それなのになぜ星の末路という巨大質量の物体に登場するのか。

　式は、ブラックホールの温度がその質量に反比例することを示している。超巨大な星と同じくらいの質量を持つブラックホールの質量をこの式に当てはめたら、その温度は私たちが実現できるいかなる低温よりも低くなる。

　しかし、非常に小さいブラックホールが存在したとすれば、それは極めて熱くなる。

　とても興味を惹くテーマであるが、この詳細を話すのは別の機会に譲る。ここでいいたいのは、ブラックホールは黒体である、ということだ。

　5項の「黒体放射」で書いたが、ブラックホールは黒体なのである。その時、何物も放出することはない、と考えていたブラックホールが黒体なんておかしい、と思った方は素晴らしい洞察力の持ち主である。しかしここで認識を改めてもらいたい。ブラックホールは温度を持つのである。そしてその温度に応じた電磁波を熱放射の形で外部に出す。それは理想的な黒体と同じである。

　ただ一般のブラックホールの温度は、現在の宇宙の温度（絶対3度）よりはるかに低いので放射は観測できない。（熱とは、暖かいものから冷たいものへ流れるのだから）

第2章 ボーアの量子条件

1．生みの親から育ての親へ

プランクは、光の持つエネルギーが、不連続なものであり、その最小単位は、(hv) であることを示した。そして、アインシュタインの光電効果の研究が、それを裏づけた。

もう一度書いておくが、

$h = 6.62606957 \times 10^{-34}$　J秒　（プランク定数）

である。(v) は振動数といったが、単位を明らかにはしていなかった。振動数の単位は（Hz）と書いてヘルツと読む。波が1秒間に何回揺れるかを表す量だから、単位としては、回/秒であり、(1/秒) である。従って、

$E = hv$　　h（J秒）×v（1/秒）＝エネルギー（J）

となるのである。

ちなみに、可視光の赤は400兆Hz、青は700兆Hzである。ところが、(h) が極端に小さいため、(hv) も小さい。（計算して見るとよい。）

ところが、振動数とは、波が持つ特性である。

光が波であることは、マックスウェルが、電磁方程式を作り、光とは電磁波であることを示して証明している。

だが、光は、(hv) というエネルギーを持つ粒（粒子）でもあるという。

いったい全体、光とは何なのだ？

月・水・金曜日は「波」、火・木・土曜日は「粒子」、日曜日は、神に教えを請う、という本当とも冗談ともつかない話が、物理学者たちの間でささやかれ、ウェービクル（波粒子？）という名前も登場したという。物理学者の混乱ぶりが伺える話である。

さて、プランクが19世紀のちょうど終わりの12月14日、量子論の誕生を告げた生みの親であるとすれば、育ての親がボーア（ニールス・ヘンリク・ダヴィド・ボーア 1885～1962 デンマーク）である。

ボーアといえばデンマークの首都コペンハーゲンである。後に若き物理学者達はみな、コペンハーゲンへと向かうことになる。この前後の時期、物理学（に限らず、どんな学問も）の中心は、ヨーロッパであった。イギリス、ドイツ、イタリア、フランス、オーストリアといった大国で物理は花開いた。ところが、小国といえるデンマークからボーアが出て、コペンハーゲンを量子論のメッカにしてしまった。

ボーアの弟ハラルドは、数学者であった。この兄弟は、サッカーの兄弟選手としても全欧に知られていた。なお、オリンピックに出場して、デンマークに銀メダルをもたらしたのは、弟のほうである。

のちに、ニールスは、ハラルドの友人の妹、マルグレー

N. ボーア

第2章 ボーアの量子条件

テと結婚する。

　当時の学者たちが、政治的トラブルを避けて、最終的にはアメリカなどへ永住してしまう人が多かったのに対し、イギリスとドイツに挟まれた小国デンマークにあって、最後までこの国にあり、この地で生涯を閉じたボーアの気骨が忍ばれる。

　1903 年に、ボーアはコペンハーゲン大学に入学する。その後、ボーアは、J. J. トムソンや、ラザフォードの下で研究を行うようになった。特にラザフォードとの研究では、原子構造の研究を精力的に行い、ついには、電子の軌道に関する画期的な研究結果を発表するに至る。

２．不連続な現象は…

　電荷が振動すると、電磁波が発生することは、マックスウェルの電磁方程式から導かれていた。つまり、電気の変化は磁気を生み、磁気の変化は電気を生むのである。これが電磁波である。

　熱せられた物質から光が出てくるということは、これは原子から出てくることに違いなく、また原子の中の電子の振動（加速度運動）によるものであることまでは想像できる。ただし、熱せられていない物質は光を発することはないので、原子は通常は安定でなければならない。

　そこでボーアは疑問を持った。

> 　加速度運動している、原子内の電子はなぜ安定でいられるのか？

なんの疑問だ？　と思った人、原子核の周囲を回る電子は等速運動ではない、ことを思い出してもらいたい。速度、というのは、（速さ＋方向）のベクトル量であり、たとえ速さは一定でも、方向が常に変化している運動は加速度運動なのだ。従って、電子は、原子核の周りを回るうちに、少しずつ電磁波を放射し、その軌道は螺旋状になり、やがては、原子核に吸収されてしまうはずなのだ。

　余談
　太陽の周りを回る地球も、等速運動ではない。従って、エネルギーを放出して、太陽に落ちてしまわないのか？　という疑問を持った人は素晴らしい。実は、地球も重力子を放出して、エネルギーを失っている（はずなのだ）。ただし、重力子は、桁違いに小さい力なので、目に見えるほど地球が太陽に近づく前に、太陽が赤色巨星になって、地球を飲み込んでしまう。（地球が螺旋状に太陽に落ち込むのを心配するのは杞憂である。）

　閑話休題。
　それなのに現実には、原子は安定である。
　そしてもう一つの疑問があった。それは、

> 　水素原子の輝線スペクトルは、バルマー系列やライマン系列のように、とびとびになる

という謎である。
　一個の謎なら、解けなかったかもしれない。しかし、謎が多いと、かえって解きやすいことがある。

第 2 章　ボーアの量子条件

脱線

　世の中の推理小説でも、謎は多いほうが簡単である、といわれている。シャーロック・ホームズもワトスンにそういっているし、金田一耕助などは、少なくとも四、五人は殺されないと犯人を指摘できない。なんぼなんでも四人殺されて、その犯人がひとりなら、私でもわかろうというものだ。（横溝さま、ごめんなさい。）

ＴＶドラマで著名な、ジェレミー・ブレッド（ホームズ：右）とエドワード・ハードウィック（ワトスン：左）

　ボーアは、考えた。

　電子は、とびとびの軌道しか取り得ないのではないか

と。

　大変な着想である。プランクは、光のエネルギーがとびとびであることを提唱したのだが、ボーアは、それを電子軌道という思いもよらぬところへ応用した。

　コロンブスの卵である。原子から飛び出す光のエネルギーがとびとびなら、その理由として電子軌道がとびとびであり、だからスペクトルは系列を作る、これはいま考えれば当たり前なのだ。

　だが、この着想は大きい。エネルギーの不連続性は、物質の運動の不連続まで引き起こすのである。

　前期量子論はおもしろくない？　はやくハイゼンベルクやシュレーディンガーを出せって？

そんなことはない。ボーアのファンもいるのです。ここをちゃんと味わっていただきたい。それで初めて、「不確定」や「猫の話」が面白くなるのだから。

3．ボーアの量子条件

ボーアは、原子を構成する電子の軌道が不連続なのだと提唱した。これが本当に、前項で書いた二つの謎の答えになっているのかを検証してみよう。

　（1）加速度運動している原子内の電子は、なぜ安定でいられるのか？

電子の軌道が不連続であるということは、原子が、ある一定のエネルギーをドカンと放出しない限り、よりエネルギーの低い状態（電子が内側の軌道）へと移ることができないということだ。だから、原子は通常の場合安定なのである。

　（2）水素原子のスペクトルは、バルマー系列やライマン系列のように、とびとびになる

原子が高温になる（原子個々のエネルギーが増大する）と、原子は、エネルギーをはき出すことになる。ところが、電子の軌道が不連続であるために、電子がよりエネルギーの低い状態になるとき（前章6項の図3参照）は、その軌道を変える。そのときの差分がエネルギーとして放出されるため、放出するエネルギー（光の振動数）も不連続になるのだ。そして、

第2章　ボーアの量子条件

これ以上エネルギーを出すことができないところまで、電子が落ちた状態が、実は安定な原子なのである。
　よーく、読み返してほしい。ふたつの謎の答えは、ほぼ同じことをいっていることに気づいたであろう。

　物体を暖めると、マクロには物体の温度が上がる。気体や液体なら、原子そのものの運動が激しくなるが、堅く原子同士が結びついた固体では、ミクロに見ると、原子同士の運動より、原子そのものにエネルギーを与えていることと同じだ。従って、現実に起きていることは、高温物質の原子内電子は、エネルギーをもらって、より高い軌道に移っているのである。しかし、その状態は原子にとって不安定なので、電子は元の軌道へ戻ろうとする。そして実際、電子が低い軌道へ落ちるときに固有のエネルギーを発するので、輝線スペクトルが系列を作る。

　さて、電子が軌道を変えることのできる条件は何か？
　ちょっと難しいことをいいますよ。（簡単にいおうとすると逆に難しくなるので、正しくいいます。理解するというより、次の文章の響きを堪能してください。）

　電子の角運動量（質量 m と速さ v と回転半径 r を掛け合わせたもの）は、その軌道を一回り（単位ラジアンで一周なので、2π）総合したものは、プランク定数（h）の整数倍である。つまり（$2\pi mvr = nh$）である。（n は整数であり、半端な数は許されない。）
　これが、ボーアの出した電子に対する条件である。

もちろんボーアは一足飛びにこの結論にたどり着いたわけではない。師であるラザフォードと何度も討論の末に出した結論であり、この「ボーアの量子条件」は、時に「ラザフォード・ボーアの量子条件」とも呼ばれる。

ここで、ボーアと同じラザフォードに師事していた、モーズリー（ヘンリー・グウィン・ジェフリーズ・モーズリー　1887～1915　イギリス）の話をしておかねばならない。生年、没年から享年を計算してほしい。なんと27歳で亡くなっている。

H. モーズリー

ボーアが29歳の時、コペンハーゲン大学（もちろんデンマーク）の教授に推薦された。ところが、ちょうど同じタイミングで、師ラザフォードより、マンチェスター大学（イギリス）の講師の話が舞い込んだ。その破格の報酬（イギリスのサラリーマンの倍だったそうである）は別として、ラザフォードのもとに行けることに大きな魅力を感じたボーアは、イギリスへ渡ることになる。1914年のことである。1914年で思い出すことはないか？　そうバルカン半島のサラエボを始まりに第一次世界大戦が勃発した年である。

イギリスでボーアが出会ったのが、若手の物理学者、モーズリーであった。モーズリーは熱心な実験物理学者であり、ボーアがイギリスへ渡る前年の1913年、すでにモーズリーの法則を発見していた。モーズリーの法則とは、

第2章　ボーアの量子条件

> 元素から放出されるエックス線の振動数は、原子番号の二乗に比例する

という法則である。

このモーズリーの法則を、ラザフォード、ボーアと共に研究し、モーズリーは、原子に電子が何個あるかを推定した。そして、この結果として、三人は次のような原子構造をまとめるに至るのである。

（1）ラザフォードにより、原子は、中心に小さなプラス電荷を持ち、周りを電子が回っていることが明らかになった。
（2）ボーアにより、電子は連続的にその軌道を変えるのではなくその公転軌道は、不連続であることが示された。
（3）モーズリーは、多くの元素について実験し、原子番号とともに電子の数が増え、原子番号が増えれば、エネルギーの高い状態も電子が占めて行くことを発見した。

このように研究熱心なモーズリーは、愛国者でもあった。彼は、ラザフォードやボーアが止めるのをきかず、イギリス工兵隊に志願し、通信将校として従軍した黒海の入り口ダーダネルス海峡で戦死するのである。享年27歳。ボーアは後年次のように語った。

「全世界の科学者が彼の死を惜しんだが、特に彼を後方の安全地帯へ移すよう奔走していたラザフォードの落胆は大き

かった」

　ラザフォードもボーアもノーベル賞を受賞しているが、モーズリーの早すぎる死がなければ、彼のノーベル賞受賞は間違いなかったといわれている。(ノーベル賞は生存者のみに与えられることを知っていましたか？)

4．古典物理学との決別

　1923年、日本では関東大震災のあった年である。この年、物理学の歴史では、それまでの「完成された」と思われていた古典物理学と別れを告げる決定的な出来事がふたつあった。

　一つは、コンプトン（アーサー・ホーリー・コンプトン　1892〜1962　アメリカ）が行った、光電効果の拡張実験である。

　光を金属面にあてると、そこから電子が飛び出して来るのが光電効果であった。コンプトンは、あてる光の振動数を大きくしていくと何が起こるかを調べた。

A．コンプトン

第2章 ボーアの量子条件

　そうすると、電子だけでなく、光も飛び出して来た。その光が、あてたものと同じか否かを調べてみると、中にはエネルギーを失って、振動数の小さくなった光も出てくることを発見した。これは、光をエネルギーのかたまりとしただけでは説明のつかない現象であり、光が、運動量のような性質を持っていなければ起きないことであった。

　つまり、

> 光を粒子として、これが電子と玉突きのような衝突を起こしている

としか考えられない。つまり、この現象は、光は電子と衝突して、エネルギーの一部を電子に与え、振動数が小さくなる現象なのである。このように、光が、ターゲット（いまの場合は電子）とエネルギーのやりとりがある散乱を起こす現象を「コンプトン効果」と呼ぶ。

　「コンプトン効果」は、光の粒子性をいっそう鮮明にした画期的な実験であった。

　ところが、二つ目の出来事は、全く正反対の事象を示すものであった。なんと、電子は波である、といい出した人がいた。その人の名を、ド・ブロイ（ルイ=ヴィクトル・ピエール・レイモン・ド・ブロイ　1892〜1987 フランス）という。この人は、フランスでも名門貴族のド・ブロイ一族の第7代公爵である。最初は、ソルボンヌ大学で歴史学を勉強していたが、第1次大戦で、通信員としてエッフェル塔に配備されていたときに、物理に興味を持ったということである。

　ボーアは、原子の中の電子の円軌道の半径が整数に依存するとびとびの値になる（$2\pi mvr = nh$）ことを証明してい

たが、ド・ブロイは、この理由を、電子を波と考えて説明づけたのだ。ボーアの量子条件より多分、ド・ブロイの考えのほうが、わかりやすい。

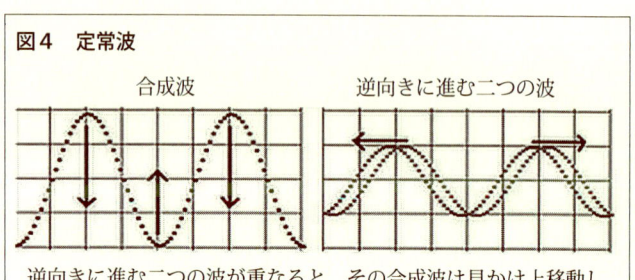

図4　定常波

合成波　　　　　　逆向きに進む二つの波

逆向きに進む二つの波が重なると、その合成波は見かけ上移動しないように見えるようになる。このような波を定常波という。（合成波の腹と節は移動しない）

波が、ある範囲の中で減衰せず一定の波長で存在し続けるには条件がある。聞いたことがあると思うが、減衰しないで動かない波を定常波という。最も簡単な例は、ギターの弦である。弦の両端を節として整数個の節を持つ定常波だけが、安定した音を発することができるのである。

ド・ブロイは、電子が波であると考えたとき、波の始まりと終わりが円周上で一致するような定常波でなければ、原子核の周りに安定して存在することができないと考えたのだ。

これは、円周の長さを波長で割った値が割り切れる（つまり1、2、3、……）という整数になる。つまり、そのような定常波を作る場合しか、電子は軌道上に存在できない、といったことになる。これをちょっと応用すると、ボーアの量子条件が簡単に出てくる。

ボーアは、光のエネルギーが不連続、すなわち、光は粒子の属性を持つ、として電子軌道もとびとびになることを証明

した。
　ところがド・ブロイは、電子が波であることから、電子軌道も不連続にならざるをえないことをいい出したのである。
　そのいうところは、同じ結論だ。ところが、

　　（1）電磁波である光を粒子と見なせば、電子軌道がとびとびになる。
　　（2）粒子である電子を波とみなせば、電子軌道がとびとびになる。

という奇妙な二律背反する現象が出てきてしまった。
　ド・ブロイが、この論文をパリ大学に提出したとき、パリ大学の理学部は、保守的すぎて、審判するのに躊躇した。そこで、アンシュタインを呼び出し、教えを請うた。アインシュタインは次のように答えたという。
「これは狂気の沙汰と見えるかもしれない。しかし、真実、健全だ」
1927年、実際にド・ブロイ波（電子波）が発見され、ド・ブロイはノーベル物理学賞を受賞することになる。

　光だけではない。物質の極限には、全て、粒子性と波動性が存在したのだ。

5．若き物理学者はコペンハーゲンを目指す

　量子論、育ての親となったボーアは、量子論と相対論の違いをよく理解していた。

相対論がとりあえずアインシュタインひとりによって構築された理論なのに対し、量子論はそうではないことを見抜いていたのである。

前期量子論の立て役者たるボーアでさえも、電子の軌道がとびとびになることの証明は、何人もの科学者の試行錯誤の上に成り立っていることをよく承知していたし、その上、ド・ブロイによって物質波という概念が登場し、電子が実際に波として観測されうることが実験的に証明されてしまうに及んでは、この先、量子論を物理学の世界で発展させるためには、何人もの頭脳が必要と考えたのも当然のことである。

彼は、師と仰ぐラザフォードの協力をえて、1921年、コペンハーゲンに理論物理学研究所を開所し、初代所長となった。そして、彼の研究所に必要なのは、潤沢な資金ではなく、優秀な人材であると考えた。(理論物理学は高額な実験器具を必要としない。)そしてもちろん、この研究所のメインテーマは、量子論である。

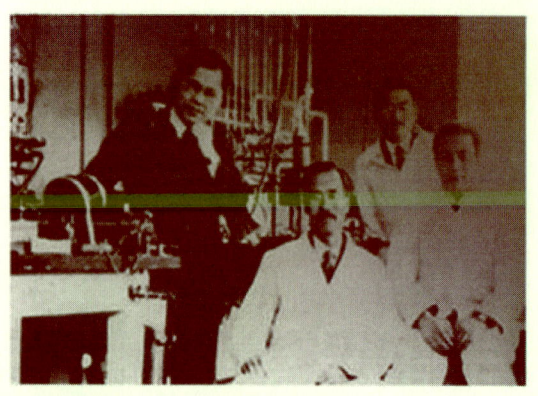

コペンハーゲン・理論物理研究所にて（1927年）
左から仁科芳雄、青山新一、堀健夫、木村健二郎

第2章　ボーアの量子条件

　ボーアは、積極的にドイツやイギリスに渡り、ベルリン、ゲッチンゲン、オクスフォード大学から若手研究者を集めるのに意を注いだ。そして、開所の翌年、1922年、ボーアはノーベル物理学賞を受賞することになる。（前年度の物理学賞受賞者は、アインシュタインであった。）

　アインシュタインが宇宙規模の現象を開拓しつつあったのに対し、極微の世界をこれまでにない発想で調べている研究家として、ボーアの名は、物理学者以外にも広く知られるようになったのである。

　1921年の秋、ボーアは、ゲッチンゲン大学に招かれて講演を行ったが、その時紹介されたふたりの学生に注目した。そのふたりとは、ハイゼンベルクとパウリであった。時に、ハイゼンベルク19歳、パウリ21歳である。

　ハイゼンベルクは、ボーアの講演中に立ち上がり、ボーアの間違いを指摘したという逸話が残っている。ボーアは、このことで、むしろハイゼンベルクに好感を持ち、パウリとともに、自分の研究所で勉強しないかと誘った。ふたりはそれに応じて、コペンハーゲンへ行くことになるのである。

　こうして、若き頭脳がどんどんコペンハーゲンを目指すことになる。コペンハーゲンは若い力で満ちあふれ、ボーアの思惑通り、量子論のメッカとなって行くのである。そのなかには、イギリスのディラックや、日本の仁科芳雄らの名前もあった。

　ここでもう一人、コペンハーゲンには行かなかったが、後に一味違った量子論を生み出す人物を紹介しておかねばならない。パウリやハイゼンベルクより、一回り年上で、オース

トリアはチューリッヒ大学の教授であった、シュレーディンガーである。変な表現であるが、「実用化された」量子力学は、シュレーディンガーに負うところが大きい。そして「猫」の生みの親として、もっと有名である。

コペンハーゲンの役割は、ただ単に人を集めただけではない。そこで研究した人々が、また世界中へ散って行くことにより、理論物理学が各国で花を咲かせる役を担ったことも大きい。

さて、次章からは、これら若手の物理学者がいかに量子論を展開していったかを見て行く。前期量子論と異なり、地味な研究結果というより、とてつもない発言が研究を彩ることになる。

最初は、ハイゼンベルクに登場願おう。

※この項に登場した人たちは、あとで詳しく述べることになるので、本章では、まだ顔を見せないことにする。

【コラム０３──プロジェクト×】

もう十年以上前の話になるが、某公共放送で放映されていた「プロジェクトＸ〜挑戦者たち〜」という番組を知っているだろうか。中島みゆきさんの「地上の星」とともに大ブームをまきおこし、彼女、紅白歌合戦で歌詞間違えまでやらかしたから、きっと覚えている方も多いだろう。

ものには必ず陰と陽、正と負がある。「プロジェクトＸ」という番組は、その輝ける陽・正のプロジェクトを紹介

第2章　ボーアの量子条件

した番組である。いい方を変えてみると、「さまざまな立場にある人が、その所属する組織の中で自分の役割をよく認識し、それを全うすれば成し遂げられないことはない、という素晴らしい事例」を紹介した番組であったということができると思う。

しかし、光あれば影あり、世の中には必ず陰・負の存在もあるのだ。そう、陰・負のプロジェクトの存在である。世の中には、大失敗に陥ったとんでもないプロジェクトや、うまく行ってもささやかな結果しか出なかったプロジェクトが数限りなく存在したし、おそらくこれからも存在し続けるだろう。むしろ、陽・正のプロジェクトより何倍も、陰・負のプロジェクトのほうが多いはずである。

しかし、私には、そんなダメプロジェクトに参画した人だって、その努力やプロジェクトに賭ける思いは、本質的には、成功した人々と比べて劣っているとは思えないのである。

失敗した原因を分析し、再発を防ぐ試みは、かならず成される。実際にそれで改善されなければ、失敗プロジェクトは救われないだろう。しかし、それにもかかわらず、これからも、失敗プロジェクトは存在し続けるはずである。人間の「さが」という奴だ。

頑張ったから成功したものを「プロジェクトＸ」は捉えているのだと思うが、頑張ったのに成功しなかったプロジェクト、頑張ったのに地獄の様相を呈したプロジェクトもいっぱいある。

画期的な事業を実現させてきた「無名の日本人」を主人公とする「組織と群像の知られざる物語」は、21世紀

の日本人に向け「挑戦への勇気」を与えることができたと思う。それは否定しない。そしてそれを支えた素晴らしいリーダーの存在も認める。

　しかし、同じ「挑戦」をしながら、一敗地にまみれて挫折していった「無名の日本人」もいっぱいいたことを忘れないでほしい。一敗地にまみれるまでは行かなくても、所属組織のささやかなプロジェクトの一員として、番組で紹介される人に劣らぬ努力をした経験を持つ人はたくさんいると思う。私はこれを「プロジェクト×（ばってん）」と名づけたい。（タイトルの「×」は「X」の打ち間違えではなかったのだ。）

　「プロジェクトX」を、「結果的に」画期的になってしまった事業に関わった人の単なる英雄伝として捉えるのではなく、総体としての人間の美しさが、さまざまな局面で個人に宿るという当たり前のこと忘れないでもらいたいと思うのである。

　しょぼくれた「プロジェクト×（ペケ）」のメンバーであっても、番組中の誰かのように、「そのプロジェクトを愛し、それをなしとげるためには労苦を惜しまず、何日も徹夜したぞ！」と思っている無名の日本人の一人として。

第3章 ハイゼンベルクの不確定性原理

1．ラプラスの悪魔

　正直に告白しておこう。人物中心の量子論を展開しようと決意してここまでを綴ってきたのだが、人物のエピソードをひろってゆく作業というのは、じつはあまり創造力を必要としない。思い切っていってしまうと、いろいろな文献をカンニングしている気持ちになってくる。しかしエピソードなどは、自分で考えていても書けるものではないし...

　これは、私にとって、フラストレーションだったのである。

　しかし、この章からは違う。もちろん人物中心であることはやめない。だが、創造力を発揮できる場所にさしかかっているのだ。なんてったって、章のタイトルが「不確定性原理」で、項のタイトルが「ラプラスの悪魔」だもの。

　さて、不確定性原理という、いわゆる量子論の革命的原理を話し出す前に、ラプラス（ピエール＝シモン・ド・ラプラス　1749〜1827　フランス）が、18世紀に考えた悪魔を紹介しておこう。ただし、悪

P. ラプラス

魔といっても邪悪な存在を意味する者ではない。どちらかといえば「超人」に近い意味である。

ラプラスという人は、ナポレオン時代のフランスの数学者である。しかし、政治の分野にも天分があったらしく、ナポレオン皇帝の内相までつとめたそうである（わずか六週間であったそうだが）。こんなエピソードがある。

あるときナポレオンがラプラスにいった。「おまえの書いた本は大層有名だそうだが、神のことがどこにも出てこないではないか。」ラプラスは、こう答えた。「陛下、私には、神という仮説は不要なのです。」

この発言は、いまでこそ、あまりインパクトがないかもしれないが、18世紀のヨーロッパでこれをいったのは、じつは大変なことだ。不遜ともいえるほどで、神を仮説と呼んだ彼の意地が伺える。

「数学とは、物理学を解くための道具である」と豪語したのも彼である。（この意見には、ひそかに私も拍手を送っている。）

ビリヤードの台の上を転がる玉を考えてもらいたい。ある瞬間に、玉が台の上のどこにいて、どちらへどのくらいの速さで動いているのかがわかれば、その先の玉の動きは予測できる。

もし、摩擦がなく、空気抵抗もなく、玉は台のへりで、完全弾性衝突（速さが変わらない衝突）をすると考えると、その玉のこれからの動きは完全に計算できる。それが、数分後であれ、数万年後であれ、玉の位置と動きは予測可能だ。ばかばかしいから誰も何万年も先の玉の動きなど計算してみな

第3章　ハイゼンベルクの不確定性原理

いだけである。

そして、玉が複数個になっても事情は同じだ。玉と玉との衝突という要素が加わるだけで、いかに玉の数が多くなろうと、計算が増えるだけで、予測という事実については、全く完全である。異論は？　無いね。

さて、ここで話を飛躍させるが、ビリヤードの玉を、この宇宙の全ての原子にあてはめたらどうなるか？　数が多すぎて話にならん、と思った人、いま書いたビリヤードの例を思い出してほしい。文字通り天文学的な数になるであろうが、「原理的には」、ビリヤードの玉と同じことではないか？　もし、この瞬間の宇宙全部の原子の位置と速度（速さ＋方向）がわかれば、全ての未来は予測可能なことにならないか。

それができるスーパーマンを、ラプラスは悪魔と呼んだ。

確かに人間業ではない。それは認めよう。しかし、仮想の超人「ラプラスの悪魔」なら、原理的には、それができるはずなのである。宇宙といえども、人間といえども、所詮多数の原子と原子の相互作用で運動している。ラプラスの悪魔には、現在の全ての原子の状態がわかっている。従って、全ての未来はお見通しである。

我々が人間の意思で決めたと思っていることでも、じつはそれも脳内原子の相互作用の結果なのであり、それをも予測できるのがラプラスの悪魔なのである。こうなると人間の自由意思というものもじつは悪魔の手のひらの上、ということになる。（この意味でこの超人は「悪魔」と呼ばれたのだろう。）

このラプラスの悪魔の存在を許す立場を「決定論」と呼ぶ。

ラプラスの悪魔には、某という人が、明日どんなことを考え、何をするか、ということも、某という極東の島国が、

200年後にどのような政治体制を持ち、どの国と同盟関係にあるのかも、この宇宙が、膨張の結果エントロピーがどのように変化して行くのかも、全てわかっているのである。

さて、どう思うだろうか？

次項では、「不確定性原理」に突入する前段の話をする。余談に見えるかもしれないがそうではない。心して読んでいただきたい。

２．測定すると…

「測定」という行為を考えてみよう。何も難しいことではない。

いま、目の前に、１リットルの水があるとする。「温度を測定しなさい」といわれたら、皆さんは何をするだろうか。

すぐ近くに温度計がなければ、まずそれを調達するだろう。東急ハンズにでも行けば、ちょうどいい温度計が見つかるはずである。

余談

温度計という言葉は正しいのだろうか、温度は「計る」ものだろうか？　それとも「測る」ものだろうか？　いや「量る」っていう言葉もあるぞ。自分的には、「測る」が正しいと思うのだが温度計とか体重計とか、「計」の字が登場するのは変な気がする。

余談ついでに

世界で初めて温度計を作った人は誰か知っている？　どう

第3章 ハイゼンベルクの不確定性原理

も、かのガリレオ（ガリレオ・ガリレイ　1564～1642　イタリア）であるらしい。ただし、温度を測る必要に迫られて作成したものではなく、一種の装飾品に近いものだった（写真参照）。外気温の変化で水中の気球状の物体が浮いたり沈んだりする。現在でも充分鑑賞に堪えうる装飾品ではないかと思う。

閑話休題

さて、温度を測ろう。簡単である。温度計を水に突っ込んで、目盛りを読めばよい。21.3℃とか16.7℃とか、読むことができれば測定完了である。

その水の温度は、21.3℃なり、16.7℃と報告すればいい。

本当にそうだろうか？

次の例を考えてみよう。

1cc（1ミリリットル）の水がある。「温度を測定しなさい」といわれたら、さっきと同じ方法で本当にいいのだろうか？

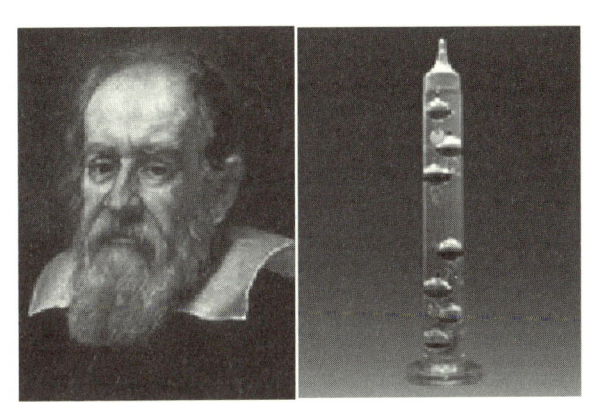

ガリレオ・ガリレイと彼の作った温度計

1ccといえば、一辺1cmの立方体である。仮に、0℃、つまりほとんど凍る寸前の水があるとして、そこに、常温（まあ20℃くらいだろう）の温度計を突っ込んだら、0℃と測定されると思うか？

普通の棒状温度計を1ｃｃの水に突っ込めば、温度計が水に浸る部分は、0.5ｃｃくらいにはなるのではないだろうか。だとすれば、温度計そのものが持つ温度によって、1ｃｃの水は熱をもらい、温度計の目盛りは、10℃くらいを示すのではないか、ということは容易に想像がつく。

そこから類推すれば、1リットルの水だって、温度計そのものの温度によって変えられた温度が測られるといえないだろうか？　ごく微量で影響はない、といえばそれまでだが、厳密には温度計によって外乱された温度が測定されるはずである。いい換えてみよう。

> 温度を測定する、という行為は、測られるものの温度を変えてしまう。

と、いうことである。つまり真に正確な温度を測定することはできない。

はじめから、温度計の温度を水と同じにしておけばいいではないか、という人へ、それならば、いったい何のために温度を測るのか？

同様なことがいかなる量を測定する場合にも当てはまるのである。

例えば、電流を測定することを考える。その場合、電流計を回路に直列に入れる。電流計とは、極めて電気抵抗が小さく回路を流れる電流に影響を及ぼさないように設計されてい

る。しかし、電流計の針を振らせるという仕事をするのに抵抗ゼロ（電力ゼロ）では不可能である。従って、電流計を入れることによって回路の抵抗は変わり、測定される電流値も電流計によって外乱された数値になる。

　今度は電圧を測定することを考える。この場合は、電圧計を回路に並列に入れる。電圧計は、極めて電気抵抗が大きく、極微弱な電流しか流れないように設計されている。しかし、極微弱でも電流は流れてしまう（というより、極微弱な電流が流れないと、電圧は測定不能だ）。従って、電圧計によって外乱された電圧しか測定できない。

　という話をしても、まだ首をかしげている人がいるはずである。そもそも何がいいたいの？　という疑問だと思う。
　そこで、話を量子論の世界へ持って行く。
　電子の運動状態を測定してみよう、という話である。
　電子の状態を測定する、とは何のことか？
　前項で話した、ビリヤードの玉を思い出してほしい。玉の未来を予測するためには、現在の何の値が必要であったかを思い出していただけばよい。それは
　　（1）位置（玉がいまどこにいるか）
　　（2）速度（玉がどちらの方向へどのくらいの速さで動
　　　いているか）
が、わかればよいのであった。
　「速度」は二つの値（方向＋速さ）になるぞ、と思った人はいるかな？　じつは速度のように向きと量を持ったものを「ベクトル」という。矢印で向きをあらわし、その長さで量をあらわすものである。速度は典型的なベクトル量である。

確認しておこう。物体の現在の位置と速度がわかれば、ラプラスの悪魔には、その未来が予言できるのであった。従って、電子であろうとも、いま現在の位置と、速度がわかれば、それが電子存在のための（力学的）条件を満たしているということだ。

　加速度はどうなっている？　と考えた人、素晴らしい。でもその人にはこういおう。

　物質は、なにかと相互作用しない限り、その速度を変えることはない。すなわち外部からなんらかの力が働かない場合は、加速度は生じない。もし仮に加速度が生じているとすれば、それは別の物質と相互作用をしていることになる。

　よって一個の電子の（力学的）状態をいい表すには、位置と速度を測定すればよい。

　さて、それでは、電子の位置と速度をどうやって測定するのか？

3．不確定の思考実験

　一般的に、物の存在を確認するとき、私たちは何をしているのかを考えよう。

　難しいことをいっているのではない。

　光（太陽からだったり、蛍光灯からだったり、裸電球からだったり）が、物に当たって反射してきたものを目が捉えて、それがそこにある、と認識しているのである。

　つまり、我々は、光を媒介として、ものを認識している。

　電子を認識するときもこれと同じと考えてよい。但し、位

第3章　ハイゼンベルクの不確定性原理

置を正確に知ろうと思うと問題がある。

光とは何であったかを、再度確認する。

何度も書いてきたことだが、光が電磁波という波であることは、マックスウェルの電磁方程式によって確認されたのであった。その後、アインシュタインの光電効果、プランクの前期量子論により、光が粒子としての性質も持つこともわかってきたが、とりあえず、光は、波動としての性質を持つことは確かなことなのである。

光でものを見るときには、その物体の大きさより小さな波長を持った電磁波でないとものの位置はわからない。光が物体により反射されて、観測装置（例えば目）によって認識されるときには、光の波長以下の精度の位置はわからないのである。波の性質として波長より小さい物質に波が来ても波は反射せず、素通りしてしまうからだ。

もうひとつ、顕微鏡等の観測装置を通して物の位置を認識するとき、その分解能をあげるためには、レンズの直径を大きくしなければならない。レンズの直径が大きいほど、鮮明な影像がえられるということである。（カメラのレンズや、天体望遠鏡を考えれば納得できるだろう。）

電子の位置を「正確に知る」ためには、波長の短い電磁波が必要なのである。従って、かなり波長の短いガンマ線でないと、電子の居場所を、正確に知ることはできない。というより、原理的には、波長を短くすればするほど、電子の

W. ハイゼンベルク

位置をより正確に知ることができるのである。

そして、電子に当たったガンマ線がどのように観測されるかを、この図5で見てほしい。

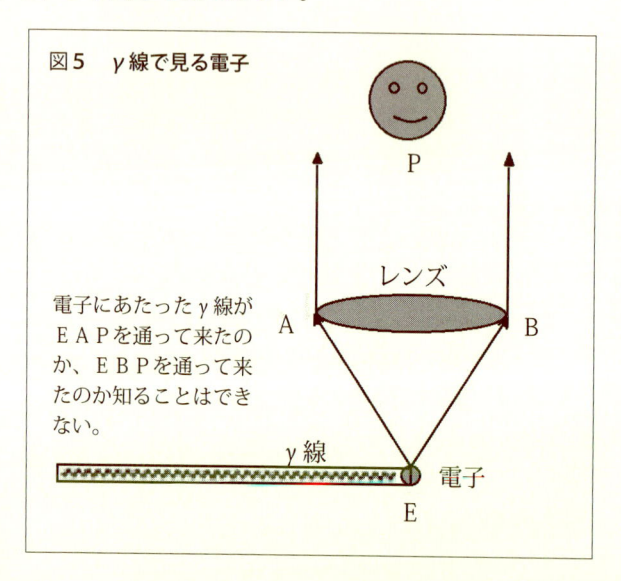

図5 γ線で見る電子

電子にあたったγ線がEAPを通って来たのか、EBPを通って来たのか知ることはできない。

ガンマ線は電子にあたって反射（散乱）され、そのガンマ線を見る（測定する）ためには、顕微鏡同様レンズを使用しなければならないが、ガンマ線は図の、EAPを通って来るのか、EBPを通って来るのか（それともその中間あたりを通るのか）は、ガンマ線が波である限りわからないのである。

ここまでは、よいだろうか。

次の問題である。それは、光に運動量があるということである。

よって、ガンマ線も運動量を持つので、EAPを通ったほ

第3章　ハイゼンベルクの不確定性原理

うがＥＢＰを通るより電子を右に強く蹴ることになる。ガンマ線はどこを通ってくるのかわからないのだから、ガンマ線は電子を強くも弱くも蹴ることになる。

　ガンマ線の波長を小さくするほど、ガンマ線の運動量は大きくなる。そして、レンズの幅を大きくするほど分解能が良くなり、電子の位置ははっきりする。ところが、運動量が大きいほど、レンズの幅を大きくするほど、ガンマ線が電子を蹴る運動量がわからなくなり、蹴られた電子がどこへ飛んで行くかわからなくなる。

　長々と話してきたが、以上がハイゼンベルク（ヴェルナー・カール・ハイゼンベルク　1901～1976　ドイツ）が行った思考実験である。

>　電子の位置をはっきり知ろうとすると、電子がどんな速度で動き出すかわからなくなる。
>　電子の動き出す速度を小さくしようと思えば、電子の位置がわからなくなる。

　この位置のわからなさを（Δx）で表し、運動量のわからなさを（Δp）で表すと、

　　$\Delta x \cdot \Delta p \geqq h/4\pi$

であることを、ハイゼンベルクは証明した。（h は、プランク定数である。）当然、プランク定数を 4π で割ったものも定数である。つまり、Δx と Δp との積は、ある定数より小さくはなれないことを、式は示している。

　勘違いしないでほしい。

　位置（x）と運動量（p）を掛けた値が $h/4\pi$ 以上になるといっているのではない。

「位置の不確定さ」と「運動量の不確定さ」を掛けたものが $h/4\pi$ 以上になるのだということ。これは、Δx も Δp もゼロにはなれないといっているのだ。だって両者の積がある数値（ゼロではない）より大きいのだから。

> つまり、電子の位置を正確に知ろう（$\Delta x = 0$）とすれば、その運動量は分からなくなる（$\Delta p = \infty$）
> 逆に、電子の運動量を正確に知ろう（$\Delta p = 0$）とすれば、その位置は分からなくなる（$\Delta x = \infty$）

これは、実験の精度の問題ではない。物質に関する根元的な問題である。だから「不確定性原理」という。

測定という行為が実際の状態を攪乱する、という実験的事実を深く掘り下げてみると、観測以前に、物理量は不確定であるという根源的な事実を突きつけられた。

ここに一つのパラダイムシフトがあることを理解してほしい。つまり、観測前の電子には、ある決まった「位置」や「運動量」がある、とはいえなくなってしまったことだ。なぜなら観測しても、それ以前の状態を「原理的に」知ることができないのだから、電子はある瞬間に決まった「位置」「運動量」を持つということ自体検証不可能なのだ。

これは、「決定論」の否定である。いかなる物質（粒子）も、ある瞬間の決定された「位置」と「運動量」を持たない。

ならば、どんなに超人的な能力を持った「悪魔」であっても、これから先の状態を決定することが「原理的に」不可能になる。ここに、ラプラスの悪魔はその存在を否定されるしかないことになった。

第3章 ハイゼンベルクの不確定性原理

4.「粒子」と「波動」の意味

　前期量子論とは何であったか？

　そう、プランクが示したエネルギーの不連続。ボーアが証明した電子軌道の不連続。我々は、不連続なものを相手にしている、ということであった。ド・ブロイによって電子波が発見され、それは電子に限ったことではなく、あらゆる物質は、粒子と波動、両方の性質を持っていることも示されたのだった。

　ここに颯爽と登場したハイゼンベルクは、「不確定性原理」をいいだしたのだが、話の進め方を奇異に感じた人はいないだろうか？

　前期量子論と不確定性原理には、何の関連があるの？

　それを今回は説明する。それは、「粒子」と「波動」の意味を理解することでもある。

光は粒子だ
アインシュタイン

電子は波だ
ド・ブロイ

不確定性原理とは、

> $\Delta x \cdot \Delta p \geqq h/4\pi$ （h はプランク定数）

であった。

Δx は、位置の不確定の幅を示す。

Δp は、運動量の不確定の幅を示す。

　　　　　　　　　（速度の不確定と考えてもよい）

ここで、Δx を限りなく０に近づけてみよう。

　　　$\Delta p \geqq (h/4\pi)/\Delta x$

なので、運動量の不確定（Δp）の幅が無限大になる。すなわち速度がなくなってしまう。これは、運動量を問題にしなければ、位置だけははっきりする、ということだ。これまで私たちが考えていた古典粒子には位置がある。そして古典波動には、位置という概念はナンセンスである。（池に放り込んだ石が描く同心円状の波を考えてみればよい）

つまり、位置だけを確定させるということは、物質の粒子性を表現することになる。

今度は、Δp を限りなく０に近づけてみる。

　　　$\Delta x \geqq (h/4\pi)/\Delta p$

なので今度は、位置の不確定（Δx）が無限大になる。すなわち位置がなくなってしまう。これは位置を問題外として、運動量だけを考える、ということだ。位置のない運動量だけを決めるということは、それを波動と見たときの波長を決めてやることに相当する。（これは、ド・ブロイが発見した物質波に他ならない。$p = h/\lambda$）（【コラム０４──波動の運動量】参照）

よって、運動量だけを確定させるということは、物質の波

第3章　ハイゼンベルクの不確定性原理

動性を表現することになる。

　わかるかな、つまり不確定性原理は、物質の究極の姿は、位置と運動量のどちらを正確に測るかによって、粒子だったり、波動だったりする、ということをいっている。

　はい、プランク → ボーア → ハイゼンベルク とつながったね。

　次に、($h/4\pi$) を考えてみよう。

　もし、($h = 0$) だったら、そもそも不確定性原理が意味を持たない。(Δx) も (Δp) もゼロでかまわない。従って、自然界は、連続であり、とびとびにはならない。

　仮に、($h/4\pi = 100$) だったら、

　　$\Delta x = 10$、$\Delta p = 10$

ということがあり得る。いま単位について、Δx を m（メートル）、Δp を（kg・m/秒）とすると、なんと位置の不確定が 10 m、運動量の不確定が、10（kg・m/秒）である。もし物質の質量が 1 kg だったら、速度の不確定は 10m/秒になる。これは、物質を「粒子」と「波動」の混合状態として見ることになってしまう。

　もし、1 kg の石が運動しているのを私たちが見たらどうなるか？

　0〜10m の範囲にいることは、（なんとなく）わかる。

　0〜10m/秒の範囲で動いていることは、（なんとなく）わかる。

という、なんだかよくわからないとしたものが、そこにある、ということになる。

　では、実際にはなぜこんなことになっていないか？　それ

は、(h) が非常に小さいからである。

　再度、復習しておこう。(h) をプランク定数といい、その値は、

$$h = 6.62606957 \times 10^{-34} \quad \text{J秒}$$

である。このように、プランク定数 (h) が、あまりにも小さい（当然、h を 4π で割った数値はさらに小さい）ので、1 kg の石ころの不確定さなどとるに足らないものになる。だから私たちは、石ころを朦朧としたもの、として見ることはないのだ。

　相対論において、光速度が、私たちの日常の速度に対してあまりにも大きかったため、私たちは、相対論効果を日常で感じることはできなかった。

　同様にプランク定数が、私たちの日常物質の位置や速度に対してあまりにも小さいので、私たちは、量子論効果を通常感じることはない。

　例えばさきほどの例で、1 kg の石の位置を、1 mm の1000分の1（1 μm：ほとんど私たちには見分けることができないほど小さい）の範囲で不確定であるとしても、その運動量は、5.272859×10^{-32} kg・m/秒の範囲で不確定になっているはずで、こんな小さな速度のぶれなど、誰にもわからない。だから石の位置にも速度にも不確定な幅があることを意識することはなかった。

　しかし、極微の世界では、そうはいっていられない。

　　　電子の質量は、$9.1093897 \times 10^{-31}$ kg
　　　原子の大きさは、10^{-10} m

なので、いま電子の位置の不確定さ（Δx）を、原子の大きさ程度とすると、

第３章　ハイゼンベルクの不確定性原理

$\Delta p = (h/4\pi)/\Delta x = (6.62606957 \times 10^{-34})/4\pi/10^{-10}$
　　$= 5.272859 \times 10^{-25}$
$\Delta v = \Delta p/9.1093897 \times 10^{-31}　= 578837$ m/秒

となり、ものすごい速度の不確定が生ずる。

　意味のない計算をしていると思うだろうが、最後に出てきた速度（Δv）は、じつは原子核の電荷が、電子をぎりぎりつなぎ止めておけるくらいの速度の不確定さなのである。

　いい換えれば、原子の大きさより高い精度で電子の居場所を確定させると、運動量（速度）の不確定さのため、電子は、原子から離れてどこかへ飛んで行く、ということになる。

　つまり、電子は、原子の大きさ程度に位置が不確定でないと、原子の周りに存在できない。

なに、よく意味がわからん？　普通の人ならそれで正常。
　電子は、原子の周りに存在する限り、原子の大きさ程度に位置が不確定になる、すなわち、電子は原子核の周りに、まんべんなく存在しなければならない。よって、長岡半太郎が示した惑星モデルがここで破綻する。
　電子は、原子核の周りに、もわーっと、雲のように存在することになる。

５．もう一つの不確定

　さて、ここで四元物理量というものを説明する。相対性理論に現れるものであるが、量子論とも関係があるのである。
　相対性理論では、時間（三次元）と空間（一次元）を独立には考えず、それぞれが相関を持った時空（四次元）として

取り扱う。

まず時空における位置を考える。空間における位置とは物体がどこにいるかを示すものだから、

$(x、y、z)$

のように表せた。そして時間の位置とは時刻を意味し、

(t)

と表す。ここまでは大丈夫だね。

ところが、四次元の時空では、空間位置と時間位置を一つの座標で表現し

$(x、y、z、ct)$

とするのである。

時間に c（光速度）を掛けているのは、四つの変数の単位を合わせるためと考えてよいが、光速が普遍定数であるため深い意味を持つことになる。

このような四元物理量は「距離」だけではない。「速度」や、「運動量」についても考えることができる。

四元速度は、三次元の速度を $(v_x、v_y、v_z)$ とすれば

$(\gamma v_x、\gamma v_y、\gamma v_z、\gamma c)$

である。γ はローレンツ因子である。（【コラム０１――相対性理論】参照）

次は四元運動量であるが、三次元では運動量は、質量に速度を掛けたものだから $(mv_x、mv_y、mv_z)$ であるが

$(\gamma mv_x、\gamma mv_y、\gamma mv_z、E/c)$

が四元運動量になる。E はエネルギーである。

さて、ここで面白いことが起こる。

前項までで書いた「位置と運動量の間には不確定の関係がある」を、四元物理量に中に見つけてみよう。

第3章 ハイゼンベルクの不確定性原理

「位置」とは、空間上の場所である。前項までは、代表して（Δx）だけを書いてきたが、本来は、（Δx、Δy、Δz）と表記するものだったのである。では運動量は？　これも前項までは、（Δp）で代表させて来たが、運動量はベクトルなので、方向成分を持つから、やはり（Δp_x、Δp_y、Δp_z）と書くべきものであった。

よって、位置と運動量の不確定は、下記のように記述すべきものであった。

$\Delta x \cdot \Delta p_x \geqq h/4\pi$

$\Delta y \cdot \Delta p_y \geqq h/4\pi$

$\Delta z \cdot \Delta p_z \geqq h/4\pi$

これで空間部分の不確定性原理が、きちんと書けた。

では、四番目の物理量だって、不確定になるだろう、と考えてみたらどうなるか？

$c\Delta t \cdot \Delta E/c \geqq h/4\pi$ → $\Delta t \cdot \Delta E \geqq h/4\pi$

がいえる。なんと、四元物理量から、時間とエネルギーの不確定が出てくるのである。

これは、福士和之（1958〜　日本）が独自に思いついたものである。（笑）

しかし当然、これが新発見であるわけもない。じつは位置と運動量、時間とエネルギーは「正準関係」にある、といわれ、量子論の計算（量子力学）では重要なものなのである。さて、位置と運動量（速度）の不確定はイメージできると思うが、時間とエネルギーの不確定って、いったいなんなのだろ

福士和之

うか。

6．時間とエネルギー

前項では、「時間」と「エネルギー」が不確定の関係にあることを見てきた。

この項ではその意味を考えてみよう。多分、前項を読んだだけでは、

$$\Delta t \cdot \Delta E \geqq h/4\pi$$

の意味はわからないだろう。

最初に、エネルギーを確定させることを考えよう。

原子物理学では、エネルギーを正確に決めることが求められる。じつは、いままでにそんな話をいくつもしてきているのである。

例えば、水素原子から、光が飛びだして来る値が、光を粒子と考えると、バルマー系列やライマン系列のように、エネルギーがとびとびになる、ということがいえたのは、当然、エネルギーが確定していたからである。

エネルギーが確定していたということは、($\Delta E = 0$) である（エネルギーの不確定要素がゼロなのだから）。ということは、不確定性原理を適用すれば、($\Delta t = \infty$) ということになる。さて、時間の不確定が無限大っていったい何？

簡単である。いつでも、エネルギーが確定しているということである。

これを、「定常状態」にある物質、といういい方をする。ある意味で、量子論の問題を解こうとするときには、対象物を「定常状態」である、としてエネルギーのほうを決めてや

第3章 ハイゼンベルクの不確定性原理

ることが多い。

では逆に、$(\Delta t = 0)$ で、$(\Delta E = \infty)$ ということがあるか？ あるのだ。

ごくごく短時間 $(\Delta t \fallingdotseq 0)$ であれば、エネルギーがとてつもなく大きく $(\Delta E \fallingdotseq \infty)$ なってもいいということだ。

$(\fallingdotseq)$ という歯切れの悪い記号を用いたことは許してもらいたい。私にも $(\Delta t = 0)$ という状態（？）は想像できないのだ。$(\Delta t = 0)$ は、「文学的」にいう「ある瞬間」というものと同義である。なぜ「文学的」なのかって？ だって「物理的」に想像できないんだもの。なんとなく、全てのものが止まった世界を考えることができるだけである。そうであるとすれば、その「文学的」世界では、多分 $(\Delta x = 0)$ がいえる。つまり、あらゆる物質が静止した世界だ。

いかなるものも動いていない。動いていないものに対して速度（どちらの方向へどのくらいの速さで動いているか）が定義できるか？ 速度の定義からいって自己矛盾だろう。だってその物体は動いていないのだから。

ゼノン

「ゼノン（紀元前5世紀　古代ギリシャ）のパラドックス」というのを知っているだろうか？　じつはふたつあるのだが、今回はそのひとつを紹介する。（といっても多分みなさんご存じだろう。）それは、「飛んでいる矢は止まっている」というものだ。
　　（1）放たれた矢が、100mを飛んで行くことを考える。
　　（2）放たれた矢は、50m地点まで行かなければ100m飛ぶことはできない。
　　（3）放たれた矢は、25m地点まで行かなければ50m飛ぶことはできない。
　　（4）放たれた矢は、12.5m地点まで行かなければ25m飛ぶことはできない。
　　（5）……
どこまでも続けて書くことができる。上記より、「放たれた矢は、放たれた点から先に進むことができない　＝　飛んでいる矢は止まっている」というパラドックスである。
　さあ、どう解決する？（ちなみにゼノンが考えたもうひとつのパラドックスを「アキレスと亀」のパラドックスという。こっちのほうが有名かな？　足の速いアキレスが、足の遅い亀を追いかけるのだが、いつまでたっても追いつくことができない、というパラドックスのこと。）
　不確定性原理によると、静止してしまう物質はないのだ。粒子の位置の不確定（Δx）を限りなくゼロに近づけても、矢は、運動量の不確定（Δp）を持つ。点ではなく、何となく進行方向に少し延びている（ように私は思う）。
　このように、「位置」の不確定、「時間」の不確定とは対応する。従って、「位置・運動量」「時間・エネルギー」は不確

第3章 ハイゼンベルクの不確定性原理

定の関係にある。直感的には、このようにいったほうがわかりやすいと思う。

「真空の揺らぎ」という現象がある。ある、といいきるところから話をはじめると本当はルール違反である。

だから次のように書く。

- ごくごく短い時間なら、大きなエネルギーが生まれてもよい。
- よって、エネルギーが生まれる。
- 質量はエネルギーである。
- よって、エネルギーから、質量が現れてもよい。
- しかし、ごくごく短い時間内で、その質量は消えてしまわなければならない。
- よって、生まれるのは、「物質」と「反物質」である。
- 生まれて、ごくごく短い時間内で、「物質」「反物質」は消滅し、エネルギーに戻る。
- エネルギーは、ごくごく短い時間内に消える。

以上を「真空の揺らぎ」という。

つまり真空という、一見何もない空間でも、ごくごく短い時間では、物質（と反物質）が生まれては消える、という現象があらゆる場所で起こってもよい。「真空の揺らぎ」によって、発生している（であろう）物質を、「仮想粒子」という。

ここで、次の疑問を持った人はいないだろうか？

物理学は、人間が認識できないものを相手にしない

はずではなかったか？　鋭い。これをいえる人は、トレビヤン！

ところが、「仮想粒子」が仮想でなくなることがあるのだ。

【コラム０４──波動の運動量】

　高校で物理をやった人なら運動量とは、「質量」に「速度」を掛けたものだという認識を持っているはずである。

　自分になにかがぶつかってくるとしたら、なるべく軽い（質量が小さい）物、なるべく遅い（速度が小さい）物に衝突されたときのほうがダメージが小さい。運動量とは、まあ物の勢いを表す量であるといっていい。

　相対性理論の本ではないので、詳細は書かないが、次のことを了解してもらいたい。

　四元位置の時間次元は、ctである。そして四元速度の時間次元は、γcとなる。（γはローレンツ因子）

　そうすると、四元運動量の時間次元はγcに質量を掛けて、γmcとなる。つまり、

$$p_t = \gamma mc$$

となる。両辺にcを掛けると

$$cp_t = \gamma mc^2$$

と書けて、これはエネルギーの式になるのである。つまり

$$E = cp_t$$

である。また、プランクが発見した式

$$E = h\nu$$

を考慮すれば、

$$p_t = h\nu/c = h/\lambda$$

が結論である。（$\lambda = c/\nu$）

　光の運動量は、プランク定数を波長で割ったものになる。光には質量がないから運動量はこのように表すしかないのだが、電子にこれを当てはめてみる。（電子も波であった

ことを思い出して）電子には質量があるので、
 $$mv = h/\lambda$$
とおけば、電子波の波長は、
 $$\lambda = h/mv$$
と表せる。これは電子以外の粒子にも適用できて、一般には、物質のド・ブロイ波長と呼ぶ。

第4章 量子論的「場」とは？

1．ファラデーの「場」

　仮想粒子の話をはじめる前に、ちょっと量子論から離れる。
　それは、このあたりで「場」というものを知っておきたいからだ。なぜわざわざ「　」つきで、場を表すかというと、単なる場なら、みんなよく知っているからだ。運動場、作業場、場外、場内、場景、停車場、市場、場当たり、場所……のように、いくらでも場のつく言葉を探すことができる。そして、国語辞典によれば、場とは「事の行われるところ」と書いてある。
　これから始めようとする話の中では、場を「じょう」ではなく、「ば」と読んでもらいたい。物理学では、場をひとつの概念として捉える。そこで、場を「　」付きで「場」と書いたのである。
　では、「場」とはなにか？　簡単にいってしまうと、それは、「仮想粒子の飛び交うところ」である。しかし、先に書いた通り、この章では、最終的に、「場とは、仮想粒子の飛び交うところ」である、といいたいのである。だから、まだ「場」という概念がなかった頃から話を始めなければならない。
　最初に物理学に「場」を登場させたのは、ファラデー（マイケル・ファラデー　1791〜1867　イギリス）である。話は

第4章 量子論的「場」とは？

M．ファラデー　　A．アンペール　　A．ボルタ

いきなり 19 世紀に戻ってしまう。

　ファラデーは、貧しい鍛冶屋の息子としてイギリスに生まれた。20 歳になるまでは、ロンドンで製本屋の職人であったということである。ただし、化学の実験に非常に興味があったらしく、やがて王立研究所に採用され、22 歳でフランスへ渡った。そのころのヨーロッパは、ナポレオンが現れて、イギリス本国を除くヨーロッパを征服していたため、学問の中心はフランスだったのだ。

　ファラデーにとって最も大きかった収穫は、パリでアンペール（アンドレ・マリー・アンペール　1775 〜 1836　フランス）、イタリアのミラノで、ボルタ（アレッサンドロ・ボルタ　1745 〜 1827　イタリア）に出会ったことだ。ふたりの名は、それぞれ電流と電圧の単位になっていることで知られている。

　さて、物理学では、人間の五感が元になる。臭覚、味覚は、まだ定量的には扱われていないようだが、視覚、聴覚、触覚はそれぞれ、光学、音響学、力学となって結実している。

余談

　第六感という言葉があるが、これは上記の五感の他に人間

が持っているのではないかといわれている感覚であり、いわゆる「勘」とか、「霊感」とか呼ばれている。ちなみに私には、この第六感が全くない。

　ファラデーは、31歳のとき、塩素の液化に成功し、33歳でベンゼンを発見した。そして36歳のクリスマスに、子供たちのための講演を行い、これが19年も続いたというから驚きだ。これが本になっており、いまでも世界中で愛読されているという。（ごめんなさい。私、紹介しておきながら、この本読んでいません。『ロウソクの科学』という話が有名だそうです。）
　さて、ここからが本題なのだが、ファラデーは、電流が流れている針金に棒磁石を近づけると、針金が動くことを発見した。この法則は後に「フレミングの左手の法則」としてまとめられた。（本来化学を研究していたはずのファラデーがなぜ急に物理の法則を発見してしまうのかは謎である。）
　このときファラデーは、磁石対針金という単純な考えをしなかった。
　磁石がまず、自分の周囲に「磁場」を作る。その磁場の中に電流があると、「電流は、磁場から力を受ける」という解釈をした。
　そして、ファラデーは次に、電流を作ることに成功した。輪になった針金の近辺で棒磁石を急激に動かすと針金に電流が流れることを実験的に証明したのである。これを「電磁誘導」という。発電機は、この電磁誘導なしには発明されなかった。どえらい発見だったのだ。そして電磁誘導を結論づけた法則を「フレミングの右手の法則」という。

2．電気を溜める話から…

みなさんが以外と知らないと思われるのが、電気は溜めてとっておくことができない、という事実だ。

「電池は何なのだ？」という、突っ込みは素晴らしい。しかし、電池は、原理的には、繋いだときに化学エネルギーを解放して電気を作っているのであり、溜めているのではない。

本当に電気を溜めるものは、コンデンサーと呼ばれる。そしてこのコンデンサーに溜められる容量の単位をファラッドという。もちろんファラデーから取った名前である。1ファラッドは、1クーロンの電気量を充電したときに1ボルトの直流電圧を生ずる静電容量のことである。

余談

しかしコンデンサーが溜めることのできる容量は極めて小さい。最近では、かなり大容量のコンデンサーが作られてはいるが、これも、電気回路で使用されるのではなく、もっぱら短時間のバックアップ電源やハイブリッド車等に使われ、現実的な意味では、大容量の電気は溜められない、というのが正しい。従って発電所では、電気の消費量を予測して、発電する量を制御している。

かつては、全国で電車が走り出し、工場が操業開始する早朝が最も消費電力が多いといわれたが、これは高度経済成長時代のことで、いまは、経済活動による日内変化の影響より家電の影響が大きいようだ。夏は冷房、冬は暖房のため消費電力が多くなり、春秋は、照明のため夕刻がピークだそうで

ある。このように、発電所は、時に応じて、季節に応じて供給する電力を変えているのである。

閑話休題

コンデンサーとは、二枚の金属板（極板）の間に電気を溜める装置である。（ ┤├　こんな記号で表す）

実際に電気はどこに溜まるのか？　最初は、陰と陽に帯電した極板に溜まるのだ、と考えられていたが、実験によると、極板間に電荷を持ってくると、その物体に力が働く。従って、極板間には、電荷を持った物質に力を与える、「なにか」が存在することになる。いや、存在しなければならない。

そこで、ファラデーは、このような場所を電場と呼んだ。電荷を持つ物質に力を及ぼす性質を持った空間であり、いわゆる真空（全く何も無い空間）ではないのである。

電場だけでなく磁場も同様である。つまり、まとめていうと、空間とは電磁場が存在し得る場所、ということになる。ある場所に、電荷（または磁石）を持ってくると、それに力が加わる（速度が変化する）のだから、その空間はエネルギ

I. ニュートン　　　H. ヘルツ

第4章 量子論的「場」とは？

ーを持っていなければならない。極板にエネルギーが存在するわけではないのだ。

そもそも、極板にエネルギーがあるという発想は、ニュートンの古典力学であった。

万有引力で有名なニュートンであるが、ニュートンは、この万有引力の基は、質量にあるのであって、空間にあるとは考えなかった。従って、万有引力は、離れた物体間に直接働く力であり、「遠隔力」と考えた。遠隔力の特徴は、物体間に働く力が伝播する時間がゼロ、であることだ。だって、物体と物体が勝手に引き合うのであって、その間の空間にはなにもないんだから、力が時間をかけて伝わるという発想そのものがない。

これに対し、マックスウェルは、電気の変化が磁気を生み、また磁気の変化が電気を生む、という電磁方程式を作った。これが電磁波の発見であり、その伝播速度は、「光速度」であることが示された。電磁波とは、電場と磁場が交互に発生し、これが空間を伝播して行くものである。従って、電磁場は、伝わるのに時間を要する「近接力」である。

話が飛びすぎて、読んでいる人もあきれるかもしれないが、今度は、電磁波の発生元は電子である、という話をする。針金の両端の電圧をめまぐるしく変えると、針金の内部の電子が激しくゆさぶられ、ここから電磁波が発生する。いわゆる電波というものである。これを実験で確かめることに成功したのがヘルツ（ハインリヒ・ルドルフ・ヘルツ　1857〜1894　ドイツ）である。

針金内の電子（電気）の振動により発生する磁場について

行けないほど電子が振動すると、空間に磁場が放り出される。するとそこに現れた磁場の変化によって、電場が発生し、これが次々と伝播する現象が電磁波の正体だったのである。

この事実は、明らかに電子の周囲に電磁場が存在することを示している。

3．電磁場ってなんだ？

電磁場を考える前に再度、電磁波をおさらいしておこう。

電磁波とは、広義の「光」である。波長（または、振動数）の異なる波である。いや、波であると思われていた。持って回ったいい方をしたのは、しつこいほどいってきたように、光はまた、粒子の性質も持つからだ。

では、電磁波はどこから出てくるか？　私たちが通常に経験する光は、ほとんど電子から出てくる。

余談

高エネルギー物理学では、粒子加速装置を使用して人為的に加速した粒子を用いるが、これを使うと、陽子とか中間子

クーロン　　　朝永振一郎　　　仁科芳雄

からも電磁波（高エネルギーガンマ線）を作ることができる。

　黒体放射を思い出そう。原子核の周りに存在する電子が、その軌道を内側に変えるとき、差額として放出するエネルギーが電磁波である。

　別の例は、前項の最後にいった。針金の両端に電圧をかけ、その電圧を、非常に激しく変えてやると、針金中の電子は、右に左に揺さぶられ、そのとき、磁気（電気が動くとき生まれる）が、「揺さぶられ」について行けずに取り残されたものが放出され、これが電気を生み、また磁気を生み……と続いていくのが電磁波である。

　さて本題、電磁場である。上記の例のように、電子が電磁波を放出するのである。ということは、電子は電磁波を纏っていなければならない。なぜ「纏う」などという奇妙な表現を用いたかというと、じつに簡単な話で、そういう表現しかできないからである。電磁波とは光ではなかったか、光がなぜ電子の周りにおとなしく存在するのか、という疑問は当然である。理由は後ほど述べる。

　電子はマイナスの電荷を持っているので、別の電荷を持った粒子に力を及ぼす。この力を実験で求めた人が、フランスのクーロン（シャルル・オーギュスタン・ド・クーロン　1736〜1806　フランス）といい、彼にちなんで、電荷間に働く力をクーロン力という。

余談
　クーロンは、じつは土木技師であった。その仕事で使うために、「ねじり秤」なるものを発明し、この精度が非常によかっ

たので、ついでに電荷間の力も測ってしまったらしい。ファラデーが、化学者なのにいきなりフレミングの法則を発見してしまったことなど、まあ、いま考えるとじつに不思議な研究を行ってしまうものである。

はっきりしているのは、電荷と電荷の間には力が働くということである。電荷自身が力を持っていて、他の電荷に力を及ぼすという考えは、ファラデーが否定した。そこには電磁場があるのだ。ただ、何となくこれではまだ、はっきりとしない。いままでいってきたことと何が違うんだ、と逆襲されそうである。

そこで、クーロン力も、遠隔力（伝播に時間を要しない）ではなく、近接力（何かが有限の速度で伝播する）であると考えてみる。そうすると、それを伝えるものは、観測する限り、電磁波しかないのだ。電子から飛びだしてくるものは電磁波しかない。

しかし次の疑問にぶつかって呆然とする。

電子は、距離の二乗に反比例するとはいえ、電子の周り全ての場所をクーロン力の働く場にしなければならない。このクーロン力の働くところを電磁場と呼ぶなら、電子は無限大のエネルギーを放出していることになる。

物理では、「無限」を軽々しく扱ってはならない。それは、人間が認識し得る現象を超える場合がある。

現実に、この電子のエネルギーの無限大は大問題になった。それをうまく説明した人が、朝永振一郎（1906～1979　日本）である。そして、この帳尻あわせをやってのけた説を「繰り込み理論」という。

朝永博士は、京都帝国大学（現京都大学）卒業後、仁科芳

第4章 量子論的「場」とは？

雄（1890～1951 日本）に師事した。朝永博士は、超多時間理論により、無限大を電子の質量と電荷に繰り込んでしまえ、という理論（安っぽく考えないように！）でノーベル賞を受賞した。父上は同じ京都帝国大の西洋哲学史の教授だったそうである。どうも量子論には哲学の香りがただようようである。「超多時間理論」や「繰り込み理論」については、素粒子論の分野であり、「物理学エッセイの第3弾以降」で話をする。（海鳴社殿が出版してくれれば、の話であるが）

また余談

仁科博士を覚えているだろうか？　そう、ボーアが作った理論物理学研究所に惹かれて、コペンハーゲンへ集まった若手物理学者のひとりだった。「原子物理学の父」と呼ばれ、朝永・湯川両氏の先生でもあった。

仁科博士の揮毫「環境は人を創り、人は環境を創る」は、とりわけ有名である。

さて電磁場をきちんと定義すると、

> 荷電粒子（例えば電子）の周りに存在する場であり、電磁波が飛び交うところである。

ということになる。やっと電磁場が定義できた！

しかし、この電磁場は、どこかで荷電粒子と出会うことによって、はじめて実体化する電磁波が存在する、という条件つきなのである。つまり、電子は、光を自分で放出し、他の荷電粒子と出会わなければ、それを自分で吸い込んでしまうと考える。

なんでそんなことを考えなければならないのか。もっと単純に電子は光を放出している、といえないのか？

4．電磁カスケード・シャワー

前項では、なぜ変な条件つき電磁波を考えなければならないのか、を宿題にしたのであった。

答えよう。

通常の電磁波が、自然界で発生するのを私たちは知っている。黒体放射の話を思い出してほしい。電子が外側の軌道から内側の軌道へジャンプするときに、そのエネルギーの差分として、原子から電磁波が出てくるのであった。

当然のことながら、この現象は、「エネルギー保存則」を守っている。そうですね。

では、条件つき電磁波を考えてみよう。電子が真空中に一個ぽつんと存在している、と考える。電子の付近に荷電粒子を持ってきたら、その粒子に力（クーロン力）が働く。そこに荷電粒子を持ってきたから、あわてて電子から電場が出てくるわけではない。つまり電子が一個あれば、その周囲には光がある、ということだ。

ここで改めて、「光子」に登場願おう。上の言葉をいい直す。電子が一個あれば、その周囲には光子がある。この場合、この光子は、「エネルギー保存則」を守っていない。従って、この「エネルギー保存則」を守らない光子を、「仮想光子」と呼ぶ。ヴァーチャルな（仮想）フォトン（光子）である。

なぜ、「エネルギー保存則」を守らないものを容認できるのか？　それは、不確定性原理があるからである。極めて短

第4章 量子論的「場」とは?

い時間なら、大きなエネルギーが現れてもよい。逆にいうと、極めて短い時間で、現れて消える光子を考えないと、電場の説明ができない。

そこで、電子は、仮想光子を呼吸している、という表現がとられる。電子が仮想光子を放出して、それを自分でまた吸い込む、という現象が起こってもよい。ただし、その時間は、1秒の10兆分の1のさらに1兆分の1という短い時間だ。あまりに短すぎて、私たちには、電子と光子を別々に認識できない。長いスパンでみれば、あくまで、電子が一個あるにすぎない。

電子が呼吸する光子は1個でなくともよい。10個でも100個でも、無限個でもよい。こうして、電子の周りには、仮想光子の雲ができる。(電子は、光の衣を纏っている、と表現することもある。)

これが宿題の結論だ。もっと詳細に話をしないと、いまひとつ納得できないかもしれないが、それをここで書いてしまうと、話が長くなるばかりか、『物理エッセイ第3弾』で書くことがなくなってしまう。いいわけでなく、この仮想光子と前項でちょっと出てきた朝永博士の繰り込み理論については、素粒子論で改めて話をしたい。

さてここまでの結論である。

> 電磁場とは仮想光子の雲が存在する空間である。

ということだ。

そして、ついでにここでもうひとついっておく。それは、

> 何もない真空から、極短時間なら、エネルギー（質量）が現れ消えてもよい。

ということだ。この意味は、物質と反物質が現れて、また対消滅する、という現象が、仮想光子のときのように起こってもよい、ということだ。

物質とその反物質の存在は、実験物理学（高エネルギー原子物理学）で確かめられているし、対消滅もまたしかりである。仮想の粒子は、仮想だから何が起きてもよい、というわけではない。仮想で起こる現象は、それが短い時間でなければ、「エネルギー保存則」を守って、仮想でない現象が観測されていなければならないのだ。

その一例を挙げてみよう。

高エネルギーガンマ線（ガンマ線とは電磁波）が、宇宙を飛び交っている。（これは、恒星の核融合反応によって発生するものだ。）このガンマ線が、地球大気内に飛び込むと、次のようなことが起こる。

- ガンマ線が、大気を構成する原子の電子と衝突し、突き飛ばす。　　　　　　　　　……コンプトン効果
- ガンマ線が、大気を構成する原子の原子核と反応し、電子と陽電子を生成する。　　……対創生
- 電子が、大気を構成する原子の電子と衝突し、突き飛ばす。　　　　　　　……電離
- 電子が、大気を構成する原子の原子核により、方向を変え、ガンマ線を放出する　　……制動放射

第4章 量子論的「場」とは？

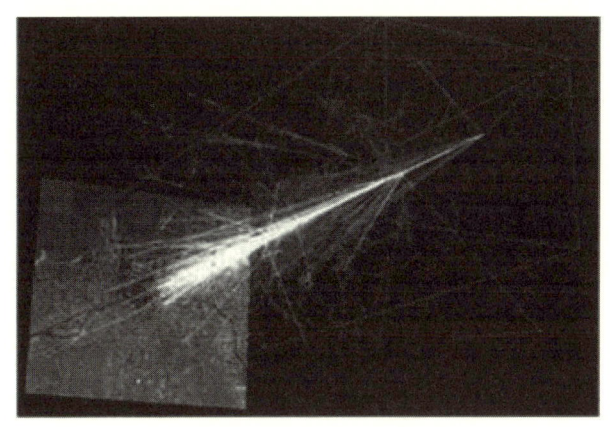

電磁カスケード・シャワー

　たった1個の光子(ガンマ線)が、大気中に飛び込むだけで、上記の現象が立て続けに発生する。この反応が、シャワーのように広がってねずみ算式に起こるので、「電磁カスケード・シャワー」という。この現象がごくごく短い時間内でバーチャルに発生するとき、現れる電子・陽電子を仮想電子という。

　最初のガンマ線のもつエネルギーが、電子2個の質量より大きければ、電磁カスケード・シャワーは発生する。これは、対創生によって電子と陽電子が創られる際の「エネルギー保存則」を守るためである。

　同様の現象が、他の素粒子（例えば陽子）について起こってもよい。（ただし、電子に比べ陽子の質量は格段に大きいので、自然現象中に、陽子・反陽子シャワーを発見するのは極めて困難である。）

　このようにして、真空には、さまざまな仮想粒子が存在することになる。

101

【コラム０５──物理と数学】

　物理学にとって数学とは何であるか、という話をする。というのも、これを誤解して物理に取り組んでいる人が結構多いと感じるからだ。
　宇宙（自然現象）を、我々の目の前にある風景に譬えてみよう。
　すると、物理学者は画家ということになる。
　いくら卓越した画家でも、目の前の風景をそっくりそのまま創り出すことはできない。だから、カンバスへその風景を写し取ろうとする。
　物理学者に戻れば、宇宙そのものを創り出すことはできないから、その宇宙がどのようにできているのかを解明し、記述しようとすることになる。
　画家は、絵筆と絵の具を以て風景を表現しようとする。物理学者は、解析学と幾何学を以て宇宙を記述しようとする。
　さて、画家は何をしているのか考えてみるといい。
　最終目標は、如何に風景をあるがままに描くかを目指している。そして、最後に第三者の評価を受けるのはあくまでカンバス上の絵である。つまり、絵筆も絵の具も、風景を表現するための道具にすぎない。
　できあがった絵を評価するときに、誰も、絵筆や絵の具の「正しさ」を議論することはない。
　物理も同じだ。できあがった理論が、どれだけ本物の宇宙を描き出すかが勝負なのである。
　解析学や幾何学が正しいの間違っているのと議論するの

は、絵筆や絵の具が正しいの間違っているのと議論するようなものだ。
　問題はできあがった理論がどれだけ宇宙の真実に近いか、それが議論されるべき唯一のものである。
　数学は、物理学が宇宙を描くための道具にすぎない。より使いやすい道具を探すことはあっても、筆が正しいとか間違っているとか議論するのはナンセンスだ。
　「弘法筆を選ばず」、という。いかなる筆を使おうと真実に迫れるものは迫れるのである。
　量子論で水素原子における電子の振る舞いを記述するのに、シュレーディンガーは「波動方程式」を用い、ハイゼンベルクは「行列力学」を使用した。いわば、全く異質な筆を用いて、電子の振る舞いを描こうとしたわけだ。最終的には、どちらの理論も、同じことをいっていることがわかった。どんな筆を使おうと、できあがった絵がどれだけ真実に迫れたが問題であるということの証明だ。
　蛇足ながら、「宇宙の真実」とは理想的妄想ではなく、あくまで人間が観測した結果という現実である。それ以上のものを我々は知ることはできないのだから。
　風景を見ずに描かれた絵がその風景をより真実に近く表現したとは誰もいわない。風景を見ずに絵を描いてもいいが、それは描いた人間にとっての妄想的真実にすぎない。

第5章 ディラックの海

1. ディラック！

　初めにことわっておきたい。
　この読み物の進行は、年代順でも、人名順でもない。私の考えひとつ（一応、読む人がわかり易いかな、という配慮はしているつもり）で書いている。
　ここまで、読み進めた人の中には、次のような不満を持っている人もあるだろう。
　　（1）「ボーアとアインシュタインの論争」はどうなった？
　　（2）シュレーディンガーの前にディラック？
でも、いいのである。
　そろそろ皆さん、話に飽きてきたと推察するので、この辺で、みなさんの興味を引きつけておこうという魂胆でこの章を書くことにする。
　非常に面白い話である。知っている人は、知っていると思うが、「ディラックの海」の話をしたい。
　私の好きな光瀬龍（ＳＦ作家）の『百億の昼と千億の夜』にも登場する。（知らない人は是非読んでください。長い文章を読むのが苦手な人は、萩尾望都（女性漫画家）が漫画化していますので、そちらでもよいかと。ただし、クリスチャンの人は絶対読んではいけない。警告しておきます。）

第5章 ディラックの海

　なお、私のようなおじさんは、よく知らないのだが、「新世紀エヴァンゲリオン」というアニメにおいて、第十二使徒レリエルがディラックの海を利用したそうである。

　ディラック（ポール・エイドリアン・モーリス・ディラック 1902～1984　イギリス）をご存じだろうか。写真で風貌を見てほしい。聡明であることは理解出来る。しかし、ただ聡明なだけではなく、若干の茶目っ気も感じるのだが、実際は有名になるのを極度に嫌い、ノーベル賞を辞退しようとしたエピソードが残っている。ディラックの師、ラザフォードが、「辞退したら、貰うより有名になるぞ」と説得し、受賞を承知させたそうである。

　ケンブリッジ大学のルーカス教授職を努めた。このルーカス教授職というのは、ケンブリッジ大学の数学関連の名誉ある地位であり、ニュートンをはじめ、近年ではホーキングもこの教授職に就いている。

　ディラックは、ブリストル大学で数学を、ケンブリッジ大学で物理学を学んだ。この順番は正しい。数学をよくわかった人が物理をやると面白い（らしい）。

余談

　私が大学のころ、近くの下宿にひとつ上の先輩がいた。その先輩は、数学科の学生であり非常に優秀な人であった。彼は3

P. ディラック

年生で、数学科としての卒業単位を取り終え、4年のときは、ほとんど物理学科の講義ばかり聴いていた。私のひとつ上の先輩なので、私が大学3年の時である。どの講義も彼は非常に面白がっていた（私は、ついていくのがやっとであり、面白さなど感じることは全くできなかった）。特にそれが顕著だったのは、一般相対論と、ハイゼンベルクの行列力学であった。要するに、行列式が彼の頭の中で自由に活動するらしいのである。非常にうらやましく思った。後日、彼は某有名国立大の「物理の」大学院生になった。やはり頭の構造が凡人とはどこか違っていたのだろう。

　詳細を語る前に、これだけはいっておこう。

　ディラックのやったことは、量子論に相対論をもちこんで、「相対論的量子力学方程式」＝「ディラック方程式」を導いたことである。

　二十世紀のふたつの画期的な物理理論である「相対論」と「量子論」は、実は長いこといっしょに考えられることがなかった。かたや「この宇宙」の理論であり、かたや「微小粒子」の理論である。はじめから、このふたつを統合しようと試みていたら、おそらく量子論の実用化は半世紀くらい遅れていただろう。

　量子論において、相対論が問題になってきたのは、高エネルギー原子物理学が発展してきたからである。例えば電子をほとんど光速の99.99％くらいに加速することが可能になって、電子のエネルギーが、質量化することが判明した。つまり重くなるのだ。これは相対論の「質量＝エネルギー」の裏づけになった。

第5章 ディラックの海

　さらに、崩壊時間が非常に短いはずの素粒子が、速く走ると計算より長く生きていることが認められた。その素粒子にとっての寿命（すなわち時間）が延びているのである。
　ディラックは、量子論に相対論を持ち込んだ（私見であるが、逆は難しいだろう）。そして、ディラック方程式を作ったわけであるが、これを解いてみると、へんてこりんな解が現れた。
　それは、負のエネルギーを持った電子の登場であった。普通の人なら、「なにか間違った」と思って、その解を捨てるであろう。しかし、ディラックは違った。苦労して作り上げた方程式を正しいと信じた。
　「方程式は正しい。むしろ、負のエネルギーの解が、現実には現れなくなるような物理的解釈を見つけよう」と考えた。
　そこで、登場するのが、「ディラックの海」である。

2. 騾馬電子

　私たちは、「真空」をどのように捉えているのだろうか？ニュートン物理学では、全く何もない空間を真空と定義していた。これは誰しも納得の行く考え方であろう。
　ファラデーは、電磁場というものを想定し、真空が何もない空間ではなく、そこには場がある、といったが、もしそこに場の源になる何か、が存在しなければ、それは、ニュートン物理学の真空と区別する必要はない。
　いずれにしても、「真空」は、エネルギーが最も小さい状態であることにかわりはない。
　「エネルギーが最小の空間」＝「エネルギーがゼロの空間」

である。誰にも異論はないだろう。

　ところが、ディラックは妙なことを主張した。
「なぜ、エネルギーゼロの空間が最低エネルギーなのか？　もし負のエネルギーがあればそちらのほうが小さいではないか？」

　詭弁に聞こえる？
　しかし、思いだしてほしい。ディラック方程式を解くと、そこに、負エネルギーの電子が登場したのである。負のエネルギーは、当然ゼロより小さいエネルギーである。
　ここで確認しておきたい。私たちの観測にかかる空間とはなにか？　それは、そこに、他の場所より大きいエネルギーがあるとき、その差分を、何かが存在する空間として認識し得るのである。何も難しいことはいっていない。いたるところが最小エネルギーの空間であれば、私たちはそこを真空であるとしか観測することはできない。
　ディラックは、自分の方程式から負エネルギーの電子が現れたとき、これまでの真空の概念を覆してみた。すなわち負エネルギーの電子が多数存在する空間を考えたのである。
　ところが、エネルギーが小さいほうが安定であるという事実のため、普通の電子は、光を放出しながら、エネルギーを失い、負のエネルギー電子にまで落ち込んでしまうはずではないか？　という疑問があった。
　それを回避するのが、負の電子がつまった空間を真空とする、という発想である。ぎっしりと負の電子がつまっているために、通常の電子は、それ以上にエネルギーを失って、負

第5章 ディラックの海

エネルギーになることができない。

いたるところ負エネルギーの電子がつまっていても、正エネルギーの世界では、その存在は、真空と同じだ。なぜならその空間は一番エネルギーの低い状態だからだ。

まとめる。

負エネルギーの状態に電子がぎっしりつまっていて、これ以上負エネルギーの電子が生まれる余地のない空間、それが真空である。そしてそのような空間を「ディラックの海」という。

ここで次の現象を思いだしてほしい。それは「電子対創生」である。これは、電子質量の2倍以上のエネルギーをもったガンマ線が、電子と陽電子のペアを作り出す現象である。いまでこそ私たちは、この現象を実験で確認された既定の事実として認識しているが、ディラックがこの負エネルギー電子のつまった空間を提唱したときにはこの概念はない。

ディラックが考えた過程を追ってみよう。

負エネルギーがつまった真空に、高エネルギーガンマ線が走ると、ガンマ線のエネルギーは、負エネルギーの電子にエネルギーを与える。そうすると、負エネルギーだった電子は、正エネルギーの通常電子（負電荷）となって空間に飛び出す。すると、この電子がいた負エネルギーだった場所は、電子が飛び出すので穴になる。周りが全て負エネルギーの空間に穴ができると、そこは負電荷が持ち去られた正エネルギーの電子として観測されるはずである。負電荷が持ち去られたのであるから、その電子は正電荷である。

ディラックは、この正電荷の電子を騾馬（ラバ）電子と名

づけた。後の陽電子である。物理的には電子と同じ性質を持つが電荷のみ正であるような粒子である。

さてこの現象を素直に見るとなにが起こったように見えるか？

真空を高エネルギーガンマ線が走ると、ガンマ線のエネルギーで、電子と陽電子ができたように見えるはずだ。これは正に電子対創生である。

負エネルギー中の穴（陽電子）は、エネルギーの低い安定な状態になろうとするため、普通の電子がエネルギーを失って落ち込んで、穴を埋める。これが対消滅だ。

ディラックはこの現象から、騾馬電子（陽電子）を予言した。そして、この陽電子を実際に発見したのが、アンダーソン（カール・デイヴィッド・アンダーソン　1905〜1991　アメリカ）である。

なお、アンダーソンは、陽電子の発見でノーベル賞を得た（1932）が、その翌年、ディラックが、上記理論でノーベル賞を受賞している。実験物理学者は、発見あるいは確認したその時にノーベル賞候補になるが、理論物理学者は、その理論が確認されないとノーベル賞候補にならないのが一般的なのである。

最後に余談（『百億の昼と千億の夜』を読んでいない人には、理

C. アンダーソン

第5章　ディラックの海

解不能です、あしからず)

『百億の昼と千億の夜』では、オリオナエ（プラトン）とシッタータ（釈迦）と阿修羅が、「惑星開発委員会」の真実を追って宇宙の彼方へワープするとき、オリオナエが作った時空転送機のエネルギー源として、「ディラックの海」が登場する。三人は、この時空転送機を用いて、エントロピー≪D≫の場所へとワープしようとするが、間違って閉鎖された虚数空間へ飛び込んでしまう。ここで、虚数空間をマイナスエネルギーの世界だといっている。

ハードＳＦとしては、非常に魅惑的な展開ではあるが、実は「ディラックの海」は、われわれのすぐそばに存在するのだ。それは「真空」である。特別な空間ではない。

3．量子論的真空

前項では、ディラックの海、すなわち、負エネルギーの電子がいっぱいにつまった真空の話をした。そして実際にアンダーソンが、宇宙から降り注ぐ宇宙線のなかから、陽電子を発見した。陽電子の元が、高エネルギーガンマ線であることをつきとめたのである。これが、第4章4項で説明した電磁カスケード・シャワーである。

余談

「電磁カスケード・シャワー」を「でんじりょく　すけード　しゃわー」と読んでいた人がいたらそれは間違いである。「でんじ　かすけード　しゃわー」と読んでもらいたい。「カスケード」には、「滝」という意味がある。まさに、大気中

にガンマ線と電子・陽電子の滝ができる現象が「電磁カスケード・シャワー」である。

　従って、ディラックの海とは、負エネルギー電子のつまった空間であることは確かだ。（注１）

　ところが、さらに高エネルギーガンマ線は、電子以外の対創生をおこすことが実験で確かめられている。例えばミューオンと反ミューオンの対創生である。

　ということは、負エネルギーのミューオンがぎっしりつまっているのが真空だ、という結果が当然のように出てくることになる。

　真空とは、負エネルギーの電子の海だったはず？　という疑問は健全である。負エネルギー電子が目一杯つまっているから、それ以上電子は、負エネルギーに落ち込むことができなかったのである。そこに負ミューオンまでつまっている？しかし、これ以上詮索はやめることにしよう。それどころではない。この宇宙に存在する全ての素粒子の負エネルギー状態が真空にはつまっているのだ。

言い訳

　ミューオンとはなんだ？　という疑問をお持ちの方へ。素粒子には軽粒子族（レプトン）として、電子・ミューオン（ミュー粒子）・タウオン（タウ粒子）及びそれらとペアになるニュートリノの計６種類がある。なんだそりゃ？　とみんな思うであろうが、ここは我慢していただきたい。レプトンについては、バリオン・メソンと共に、『物理学エッセイの第３弾』以降で必ず説明する。

　「ディラックの海」とは、既発見、未発見を問わず、あら

第5章 ディラックの海

ゆる素粒子の負エネルギー状態がぎっしりつまっている。というより、あらゆる素粒子の負エネルギー状態がぎっしりつまっている真空を「ディラックの海」という。

驚くべきは、未発見の素粒子まで負エネルギーでつまっている、と断言してしまえることだ。

余談

高エネルギー粒子加速装置が、次々と建設され、新しい素粒子が見つかっている。これ以上の新しい粒子を叩き出すには、地球の衛星軌道上にシンクロトロンを作らなければならない、と実験物理学者は嘆いているそうである。もはや一国の力で作れるものではない。これを機に世界の国々が一致団結しなければ新しい粒子加速装置は作れないであろう。何のために粒子加速装置が必要かって？　人間の好奇心のため、よ。

つまり、真空とは、与えられたエネルギーに相当する粒子を生み出す素粒子の宝庫なのだ。

そして、ハイゼンベルクの不確定性原理により、ごく短時間なら、負エネルギー状態の素粒子が正エネルギーになってもよい、ということが導かれる。対創生という実過程のバーチャル版が、この「真空の揺らぎ」である。

ごく短い時間で、粒子と反粒子が生まれ、それがまた対消滅するのが、「真空の揺らぎ」である、というわけだ。

ディラックの海は、あらゆる素粒子のスープなのである。

（注1）
さて、ここまで引っ張っておいて、いまさらのように、こ

の注記を書くのは心苦しいのだが、真実を書いておかねばならない。

負エネルギーがぎっしり詰まった「ディラックの海」には実は大きな問題がある。それは、「電荷」の問題だ。負エネルギーであっても電荷は持っているはずで、それが詰まった場所は、電荷がマイナス無限大になってしまう。

R. ファインマン

さらに、質量だって無限大になってしまい、これはとんでもなく時空をねじ曲げる。

というわけで、ファインマン(リチャード・フィリップス・ファインマン　1918～1988　アメリカ)達が、ディラック理論の拡張を行い、真空での負エネルギーの海を考えなくとも、電子と陽電子を対等に扱うことに成功した。

なんだ、とがっかりしないでもらいたい。ディラックが切り開いた「海」により、それを超える「量子電磁力学」が誕生したのだから。

【コラム06──粒子加速装置】

素粒子探索のため、新しい粒子を発見しようとしたら、なんらかの手段で、それを見つけ出す必要がある。

ところが、地上では「新しい粒子」を発見する確率は非常に低い。なぜなら新しい粒子は、大気中を走る間に、大気の原子核と衝突して、「新しくない粒子」に変わって

第5章 ディラックの海

しまうらしいのである。なんでだ、といわれても困る。現実に地上には新しくない粒子しかないんだから。

従って、新粒子を見つけようと思ったら、観測機器を、気球で空高く飛ばしたり、高山に持ち込んだりして、その軌跡を手間暇かけて観察・分析しなければならない。せっかくそういう手間暇をかけても、なにも見つからない場合だって多く、これらの方法は、運は天まかせの非常に歩留まりの悪い作業といえそうである。

だったら、新粒子を地上で作ってしまえ、という発想をするのが実験物理学者である。

宇宙空間を飛んでいるようなエネルギーの高い粒子を、原子核にぶつけてやったら、超高空のような珍しい粒子が発生するであろうという理屈である。

電極の間に荷電粒子を飛ばしてやれば加速することは経験的に良く知られている。だったら、長い筒の中を、電子や陽子のような「新しくない粒子」をどんどん加速させれば、高エネルギーの粒子ができあがる。それを原子核にぶつけてやれば、「新しい粒子」が出てくるに違いない。探す領域を限定することができるのだから、これは効率の良い粒子探しができそうである。

ところが高エネルギーの粒子を得ようとすればするほど、荷電粒子（電子や陽子）を走らせる距離を長くしなければならない。（電子や陽子を筒の中に走らせて、加速する手段については、ここでは述べない。）このように、直線上に粒子を加速する装置を「リニアック（ライナック）」という。

ところがリニアックの長さには、おのずと限界がある。

非常に長い直線のトンネルを作るようなものだからだ。これを解決しようとして考案されたのが、「筒の両端をくっつけて、ドーナツ型にしてしまえ」という発想である。これには利点が二つある。リニアックに比べ、コンパクトに作れることと、ドーナツの中をぐるぐる何度も何度も回すことによって、粒子の加速を飛躍的に大きくできることである。このドーナツ型の装置を「シンクロトロン」と呼ぶ。

　「サイクロトロン」と何が違うんだ、と思った人、多いでしょう。円形加速装置としては、どちらも正しい。ちょっと調べればわかるので、ここでは述べないが、「シンクロトロン」のほうが進化型なので、とりあえず円形加速装置を「シンクロトロン」と呼ぶことにする。

　さて、新粒子があるはずだ、という理論的根拠があるのなら宇宙線と大気の相互作用を探せ、それでもダメなら、高エネルギー粒子を原子核にぶつけてみろ、という方法論は実際に効果を上げ、世界的に根づき始めた。そして、より大きなエネルギーをシンクロトロンから得ようと思えば、今度は装置の直径が大きくなって来る。

　スイスのジュネーブ近郊にある、ＣＥＲＮ（欧州原子核研究機構）にあるＬＨＣ（ラージ・ハドロン・コライダー）と呼ばれる加速装置は、東京の山手線くらいの大きさである。　ＬＨＣは2013年7月、質量の起源を説明するヒッグス粒子を確認した、と発表した。この結果、ピーター・ヒッグス氏とフランソワ・アングレール氏がノーベル賞を受賞したのは記憶に新しい。

　なお、電荷の異なる粒子を反対向きに加速し、その粒

子同士を正面衝突させることにより、高いエネルギーを得る装置を「コライダー」という。

　蛇足である。最新の素粒子理論を実験で確かめるには、シンクロトロン・コライダーを地球の衛星軌道上に作らなければダメだ、という実験物理学者の冗談があるが、実際、既に一国で作れる粒子加速装置は、もう限界で、その事業は全地球的経済力でなければ不可能になっている。

第6章　シュレーディンガーの猫

1．波動関数

　量子論において有名な「猫」の話をするには、前置きが必要で、しかも長い。しかし、みなさんはしっかりその前置きに耐え、無事「猫」の問題にたどり着けることを信じて疑わない。

　まず、第一の前置きであるが、「波動関数」である。（あっ、ここで読むのを止めようとした人がいるでしょう。ダメです！　ちょっとつきあってください。）

最初から余談

　「宇宙戦艦ヤマト」は、「波動砲」なる必殺技を持っている。これを一発ぶっ放すと、全てが解決するという夢のような武器である。あたかも、ウルトラマンのスペシウム光線のようだ。（歳がばれますね、こんな話をしていると。）

　「波動砲」とは、いったいいかなる「波動」を発射しているの

沖田十三

第6章　シュレーディンガーの猫

だろうか？

　影像によれば、ヤマトのエネルギー充填状態が１２０％になると、艦長、沖田十三（2147〜不明　日本）が、「発射！」と叫ぶ。するとヤマトの艦前方に開いた穴から、炎のような束が前方に発射され、多くの場合、その束を浴びた物は、熔けるように爆破消滅してしまうのであった。

　もし、波動が電磁波だったら、多分こんなことは起きない。高エネルギー電磁波（ガンマ線）の位相を合わせて、レーザーにしても、それを浴びた物体をレーザーが貫通したり、すぱっと切れることはあっても、熔けて爆発することはないはずである。いったいあれは何の波動なのだろう？　疑問は尽きない。

　閑話休題
　波動関数とは、粒子の状態を数式で表したものである。
　なんかおかしいと感じた人が必ずいると思う。
　波動関数なのに、粒子？　という疑問である。この「量子論」の話では、再三「物質は粒子であり、波である」と繰り返してきたのであった。だから、とりあえず、最初に言い訳をしておく。

> 　粒子を波動関数で表現すると波動性が表れる

ということである。そして、もうひとつ、

> 　観測後に現れるであろう粒子の持つあらゆる状態を含んでいる

ということである。

波動関数は、他の物理関数のように、時間と位置を変数とする関数になっている。そしてこの関数はギリシャ文字のプサイ（Ψ）で表す慣習になっている。

　空間を何の束縛も受けず自由に直線運動をしている粒子の波動関数は、次のように表される。

$\Psi(t、x) = A\cos(\omega t - kx) + iA\sin(\omega t - kx)$

・説明しなくてもおわかりと思うが、（t）は時間、（x）は位置を表す。
・説明しなくてもおわかりと思うが、（cos）はコサイン、（sin）はサインを表す。
・説明しなくてもおわかりと思うが、（i）は虚数単位で、$\sqrt{(-1)}$ を表す。
・説明しないとわからないと思うが、（A）は波の振幅である。
・説明しないとわからないと思うが、（ω）は（$2\pi v$）である（vは、ご承知の通り振動数である）。
・説明しないとわからないと思うが、（k）は（$2\pi/\lambda$）である（λは、ご承知の通り波長である）。

振動数（v）は、粒子のエネルギーに関係している。
　（$E = hv$　を思いだして！）
波長（λ）は、粒子の運動量に関係している。
　（$p = E/v = hv/v = h(v/\lambda)/v = h/\lambda$）

　つまり波動関数は、物質の粒子としての側面と波動としての側面を全て持った関数である、ということがいえる。

第6章　シュレーディンガーの猫

　ここで、思考実験をする。いま、上記で表される粒子と同じ速度で粒子と同じ方向に走っているとする。
　すると、コサイン、サインで表される正弦波は形を変えないはずである。そのはずである。
　従って、$(\omega t - kx)$ は、一定値になるはずである。
　ところが、(ωt) は時間と共に増えるはずである。よって、(kx) も同じように増えなければならないことになる。

　つまり時間と共に粒子は位置を変える、つまり静止してはいられない。これが、とりあえずの結論。
　つまり、粒子であろうとも絶対に静止できない、これは、「不確定性原理」そのものである。

2．幽霊波

　前回、「空間を何の束縛も受けず自由に直線運動をしている粒子」の波動関数を説明した。それがきちんと理解できたか否かは大きな問題ではない。
　状況によって、波動関数はさまざまな状態に変化しうる。前項のように単純（どこが単純じゃ！　と思うかもしれないが）でない場合も多々ある。ただ最も単純な状況であっても、波動関数に、虚数項が入っていることに注目してもらいたい。
　数式に虚数が現れる（複素関数である）と、物理では、それは「観測不能」であるということと同じ意味と捉える。その話を今回しようと思うわけであるが、この時点で意味を理解している人はいないはずである。具体例で話をする。
　以前、ド・ブロイが「電子は波である」ことを提唱し、そ

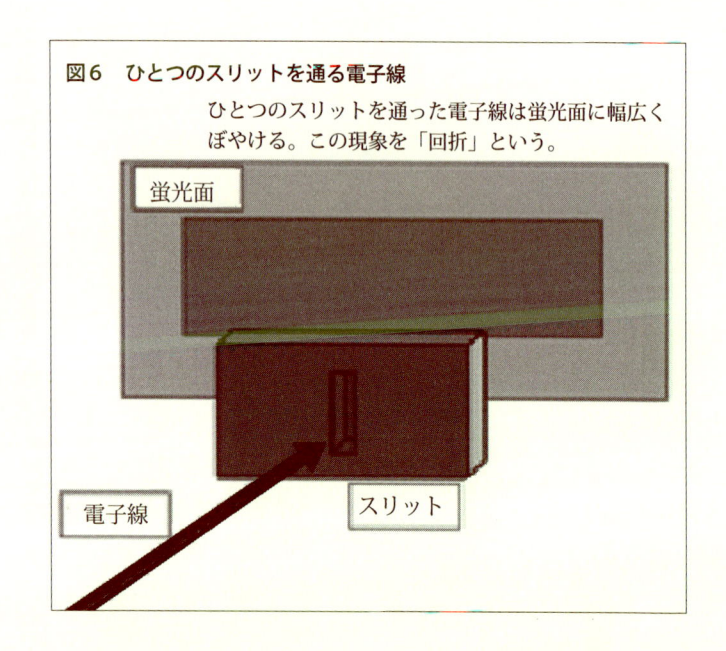

図6　ひとつのスリットを通る電子線

ひとつのスリットを通った電子線は蛍光面に幅広くぼやける。この現象を「回折」という。

蛍光面

電子線　　スリット

れが実験的に確認された、という話をした。

その実験とは、電子線を蛍光面へビーム状に発射するとき、電子源と蛍光面の間にスリットを置く、という簡単な実験である。

何のことだか理解不能という人は、まず上の図をみてもらいたい。

ひとつ穴のスリットを通った電子線は、蛍光面に幅広くぼやけた像を結ぶ。この現象は、光でよく知られており、「回折」というものである。

次に、次ページの図を見てもらいたい。

ふたつ穴のスリットを通った電子線は、蛍光面に筋状の縞模様を作る。この現象は、「干渉」と呼ばれる。

第6章　シュレーディンガーの猫

図7　ふたつのスリットを通る電子線

ふたつのスリットを通った電子線は蛍光面に筋状の縞模様を作る。この現象を「干渉」という。

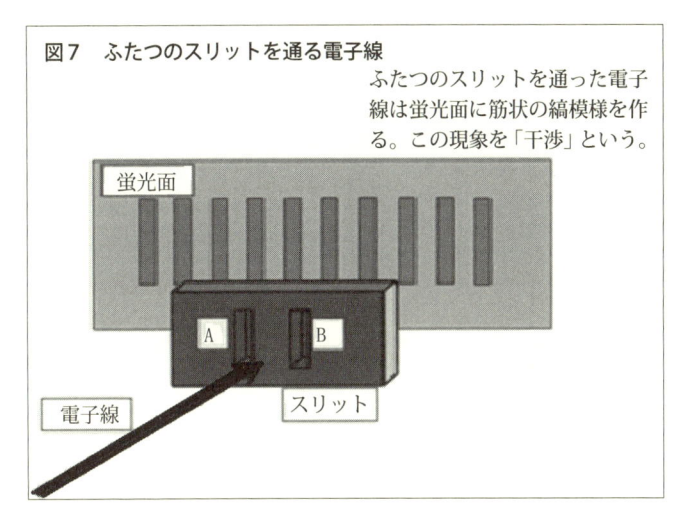

どちらも、波でなければ起こらない現象であり、ド・ブロイの電子波は、これらの実験で証明された。

ところで、この波動関数に物理的な解釈を求めたのがボルン（マックス・ボルン　1882〜1970　ドイツ）である。

後者の二重スリットの実験において、電子という一個の粒子は、スリットAか、スリットBのどちらかを通るはずであり、スリットの近くに検出装置を置いて観測すれば、どちらを通ったかを検出することができる（はずである）。従って、電子のとる状態は二種類あることになる。

（a）スリットAを通過する
（b）スリットBを通過する

M. ボルン

ここまでは、誰も疑問をもたな

いはずである。これを波動関数で表すと、

　$\psi(a)$ ＝電子がスリットAだけを通過する状態

　$\psi(b)$ ＝電子がスリットBだけを通過する状態

となる。

　電子が二重スリットのどちらを通過したのかは、観測してみなければわからないので、観測されない状態で、電子の状態を書き表せば、波動関数は、上記両者の重ね合わせとして、

　$\Psi = \psi(a) + \psi(b)$

のようになる。このように重ね合わせることができるのも、波の重要な性質である。

　ただし、この重ね合わせの式は、たった一個の電子についてのものであることに注意してもらいたい。つまり一個の電子がスリットAもBも通過する状態を併せ持っている。

　波動関数、(Ψ) や (ψ) は、複素関数なので、実在する波を表しているのではなく、数学的な波である。

　ボルンは、この波動関数の2乗、すなわち

　$|\Psi|^2$

　$|\psi|^2$

を、「電子の存在確率を表す」と解釈した。

　どういうことかというと、波動関数 $\psi(a)$ を、電子がスリットAを通過する場合の波動関数と考えれば、$|\psi(a)|^2$ は、電子がスリットAを通過する確率であるということだ。なぜ波動関数の2乗が出てくるかというと、2乗することにより虚数項が消えるからである。絶対値の記号（$|\triangle|$）が出てくるのは、結果を必ず正の数にするための細工である。

　この確率はあくまで、電子一個に対する確率である。

第6章　シュレーディンガーの猫

　　$|\psi(a)|^2 =$ スリットAだけがあってBはふさがれている
　　　　　とき、電子が蛍光面にあたる確率
　　$|\psi(b)|^2 =$ スリットBだけがあってAはふさがれている
　　　　　とき、電子が蛍光面にあたる確率

ということがいえる。

　それでは、AとBの両方が開いているときは？

　　$|\psi(a)|^2 + |\psi(b)|^2$

であろうか？　実はこれではよくない。なぜ？　これだと、回折模様が重なるだけで、干渉縞が出てこないからだ。

　そこで、実際のAとBの両方が開いているときの波動関数は、

　　$|\psi(a) + \psi(b)|^2$

となるのである。よって、

　　$|\Psi|^2 = |\psi(a)|^2 + |\psi(b)|^2$
　　　　　　$+ \psi(a)\psi^*(b) + \psi(b)\psi^*(a)$

のようになる。頭の2項は、回折模様を表すが、後ろの二項は、プラスになったりマイナスになったりして、干渉縞を作ることになる。("*"には意味があるのだが、ここでは説明しない)

　さて、蛍光面へ発射する電子の数が膨大になれば、この確率は一般の確率分布に従い、その結果、図に示したような回折模様や、干渉縞が現れることになることは納得できる。これは実験的にも確かめられている。ところが、上式は、一個の電子の波動関数であるという。ならば、この関数を素直に解釈すれば、一個の電子が、スリットAもBも通ることになってしまう。

　これをどのように見るか？

観測される前の電子は、波動関数という複素関数なので、その状態は「わからない」のだ。ただいえるのは、その波動関数の２乗が、一個の電子が、Ａを通るかＢを通るかの確率になることである。

　理解が難しくなってきた。要するに、観測される前の電子の状態は、波動関数という幽霊波なのである。どうやったってわからないのである。これをいい換えると、電子を観測したとたん、電子は実在として現れるから、波動関数という幽霊は消滅する。

３．波動関数は光速を超えて

　おさらいをする。

　「粒子」を「波」と捉えている間は、その「粒子」は何ものかわからないのである。それは波動関数という名の幽霊波（複素関数）だから。「粒子」を「粒子」と認識した瞬間、波動関数が消えて、そこに粒子が現れる。

　これが、前項でいったことだ。

　だから、波動関数としての電子波がどこを通ってそこに現れたのか、誰にも（たとえラプラスの悪魔であっても）わからないのである。だからラプラスの悪魔は存在できないことになってしまうのだ。

　「誰にも認識できないものは、物理学で相手にしてはいけない、と何度もいったよなあ。この場合はどうしてくれる！」と怒らないでほしい。前項をちゃんと読んでくれた人には、次の事実がわかっているはずだ。

第6章 シュレーディンガーの猫

> 幽霊波である波動関数の絶対値の2乗は、「存在確率」という、現実の数値になる

ということを。

　たくさんの電子が2重スリットを通り抜けるとき、それらの総和は、電子が蛍光面のどこへ到達するか、という確率になる。それが干渉縞なのだ。前回の内容が理解できたかな。（多分、大丈夫だね。）

　ところが、これを1個の粒子に当てはめるから話はややこしくなってくる。もともと波動関数は、個々の粒子に当てはまるものであり、大量の粒子線の確率を表すものではない。

　そこで今回は、次のような思考実験をする。

　ちょっと唐突かもしれないが、粒子Aがあって、これが粒子Bと粒子Cに崩壊すると考える。BとCの質量に違いがないとし、崩壊した粒子（B、C）は共に粒子Aがいた場所から飛び去るとすれば、もしB、Cを粒子として考えれば、運動量が保存されるのだから、CはBと逆方向に飛んで行くはずである。ここまではよいだろうか。

　ところが、B、Cを波として見ると、BもCも、Aのいた位置からあらゆる方向へ伝播して行く波動関数である。どこを飛んでいるかわからないのだ。幽霊波たる所以である。

　しかし、ある場所で、Bを「粒子」として観測したとする。この瞬間、Bの波動関数は消滅する。Bが実態として現れる。とりあえずここまではよい。

　ところが、粒子としてのCは、粒子Bと逆方向へ走っていることがわかっているのだから、粒子Bを観測した瞬間、Cの波動関数も消滅し、粒子Cが姿を現すことになる。これは

困った。

何が困った？

粒子Aがあった場所から、粒子Bが観測された地点までの距離を仮に、10光年とする。なにが起きるか、粒子Bが観測された瞬間、粒子Cの場所が判明するのだから、「粒子Bが観測されてしまった」という事実は、瞬間的に粒子Cを実体化させる。このとき、BとCが、20光年離れているという距離は関係なくなってしまう。

A. アインシュタイン

「粒子Bが観測されて波動関数が消滅する」＝「粒子Cが実体化する」のであれば、粒子Bの波動関数消滅は、光速を超えて、粒子Cを実体化させる。

この宇宙で、光速より速いものはない、という相対論に反してしまう。

もちろん、アインシュタインは、このことに大反対し、次のように主張した。

　粒子BもCもはじめからある決まった方向へ進んでいるのだ。
　それを知る手段をまだ我々は持っていないだけだ。
　よって量子論はまだ不完全な理論だ。
　もちろん不確定性原理も間違っている。

と。

第6章　シュレーディンガーの猫

4．異議あり！

　粒子とは、「粒子として観測されるまでは、2乗すると存在確率となる波動関数、という波である」というのがボルンの下した結論であった。

　その結果の解釈として「波動関数の消滅」（これを「波束の収縮」と呼ぶのが一般的なので今後はこの言葉を用いる）という現象が、時間を要しない、すなわち光速度を超えるという解釈をアインシュタインが許すはずがない。そこで、量子論の根底である「不確定性原理」を否定することで、「光速度を超えるもの」を間違いであるといおうとした。つまり「時間とエネルギー」の不確定を否定する思考実験が登場したのである。有名な「ボーアとアインシュタインの論争」である。

　さて、アインシュタインは反論した、のであるが、なにしろ電磁波という明確な波が実は粒子としての側面を持ってい

N. ボーア　　　　　A. アインシュタイン

る、といいだしたのは、誰あろうアインシュタイン本人である。

光電効果を思いだしてもらいたい。波長の長い電磁波を如何にがんがん当てても飛び出さない電子が、ある波長より短くなると、ほんの少しの照射で飛び出す、という現象が光電効果である。

プランクは、これを次の式で表せることに気づいた。

$E = h\nu$

つまり波（電磁波）は、その性質である振動数（ν）にh（プランク定数）をかけた粒子と見なせるものである、と数式化したのであった。これは、アインシュタインも問題なく受け入れたのである。

だが、波束の収縮をアインシュタインは認めなかった。次の言葉が有名だ。

　　神は、サイコロを振らない

ちょっと聞いただけでは何のことかわからないであろう。

　　波動関数は、間接的に粒子の存在確率を表すものである

　　観測されるまで、粒子は存在確率だけを持った幽霊波である

　　神様でさえ（ラプラスの悪魔でさえも）その粒子がどこにいたかを示すことはできない

　　神様は確率的にしか示されないような（サイコロを振って居場所を決めるような）変な波は作らない。

というのがアインシュタインのいいたいことだった。

第6章　シュレーディンガーの猫

　アインシュタインは、実は全ては決定されている、というラプラスと同じ考えを持っていた。つまり、粒子が観測されたとき、その粒子がたどってきた道のりは決まっているのだと考えた。それが現在の我々には示せないだけであると主張した。それは量子論がまだ不完全である証拠とまでいいきった。

　いま思えば、この点に関してはアインシュタインも実に保守的な物理学者であった。この意味で相対論ですら古典物理だ、といわれるのである。

　私は、アインシュタインが保守的な物理学者であったというよりは、あまりにも孤高の物理学者であろうとしすぎたのではないかと考えている。特殊相対論と一般相対論を一人で創りあげ、晩年は、電磁波と重力を一本化する方法（大統一理論）に取り組んだほどの独立独歩の物理学者である。

　ところが、量子論は一人では創れない、そういう理論であったことを証明したのがボーアであった。コペンハーゲンに花開いた量子論は、彼が集めた若手物理学者達の群れから浮かび上がってきたものである。

　粒子が量子として観測されるまでは、それが確率的にしか示せない存在である、というのが波動関数を不確定性原理に置き換えたものである。そして四元物理量の導入により、それが時間とエネルギーの不確定関係になる。いい換えれば、四次元時空間上の一点を占める粒子は、そのエネルギーも運動量も確率的に決定されるものであって、それ以上のなにものでもない、ということだ。

　アインシュタインはこの「時間とエネルギー」の不確定を否定する思考実験をボーアに突きつけた。時に1927年のこ

とである。

5．思考の対決

　アインシュタインが持ちだしたのは、シャッターのついた箱をつるしたバネ秤であった。箱の中には、光という形でエネルギーが存在すると考える。シャッターを開けるとそこから光が飛びだす。アインシュタインはこの思考実験で次のように主張した。

　　（1）シャッターを開ける前の箱のエネルギーは、時間さえかければ好きなだけ正確に測定できる。
　　　（箱の質量がエネルギーであるから）
　　（2）箱のシャッターを開けて光（エネルギー）を放出する。
　　（3）光を放出後のエネルギーも（1）同様好きなだけ正確に測定できる。
　　（4）よって、放出されたエネルギーはいくらでも正確に測定できる。
　　（5）これは、光を放出した時間（シャッターを開けた時間）に依存しない。
　　　（その気になれば、シャッターを開ける時間をいくらでも小さくできる）
　　（6）よって、$(\Delta E = 0)$ でも $(\Delta t = 0)$ が可能である。

いかがであろうか。思考実験の創始者たるアインシュタインである。よく考えられたものだと感じないだろうか？

第6章　シュレーディンガーの猫

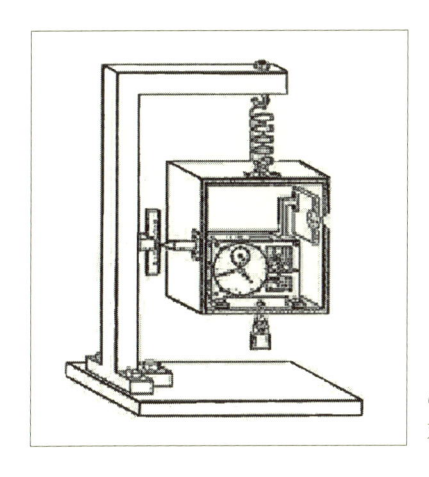

アインシュタインの「箱の中の時計」の思考実験に対するボーア直筆の絵

　これには、ボーアも困ったらしい。一晩徹夜して答えを考えたといわれている。
　なんとボーアの反論はアインシュタインの一般相対論を逆手に取った次のようなものである。

（1）バネ秤で、質量を正確に測るということは、バネの延びを前提としている
（2）バネが延びて箱が下に下がると、これが地球上で行われる限り延びる前後で重力加速度が変わる
（3）重力加速度が変われば、時計の進みが変わるのは、一般相対論の結論である。
（4）よってバネの延びを限りなくゼロに近づけることが、時間を正確に測ることの条件である
（5）バネの延びが限りなくゼロに近づけば、質量（エネルギー）は測れない

以上の論理で、(Δt) と (ΔE) の不確定性を、一般相対論を用いて反論したのである。
　大方の意見は、ボーアの判定勝ちである。なんとなく論点がずれたところでの空中戦のような気がしないでもない。しかし不確定性原理は依然として健在であり、従って波動関数もまた生きている。
　では、波束の収縮はやはり光速を超えるのか？
　それ以前に、波束の収縮というのは、物理的な現象なのか？
　実はボーアもこれには答えていない。
　「波束の収縮についてきちんと説明できない理論は不完全だ」。もしかするとアインシュタインがいいたかったのもこの事だったのかもしれない。波動関数という数式をどのようにいじくり回しても、波束の収縮に繋がる解は得られないのである。したがって、波束の収縮は未だに解明されていない謎、という人もいる。
　しかし現実にはこの解釈は違うと思う。観測すると粒子が現れた。それならば、その前のことなんてどうでもいいではないか。これが波束の収縮に対する私の答えである。

　　観測される前の状態を表すのが量子論の波動関数なのである
　　観測されてしまったものに、波動関数をあてはめようとすることが、そもそもナンセンス

という立場をとるのである。いい換えると、粒子の観測によって、「波束が収縮する」のではなく、「不要になる」のだ。それだけの話（と、私は考えている）。

第6章 シュレーディンガーの猫

　さて、量子論の神髄が少しずつ見えてきた。シュレーディンガーの波動方程式の話をすれば、「猫」はすぐそこにいる。というよりも、ここまでの議論の中にも「猫」はチラチラ姿を現しているのだ。

6．シュレーディンガーの波動方程式

　おさらいをしておこう。(しつこい、と思うかもしれないが、何度いってもわかったようでわからない気分の人が多いはず)

　時空間を走る、ある粒子について、アインシュタインはこういった。
　　「それは実在する粒子であって、隠れた秩序に従っている。ただわれわれが完全な秩序を知らないだけだ。」

　ボーアは次のようにいった。
　　「それは、私の観測によって創造された実在体験なのだ。私が見るまでそれは存在しなかったのだ。」

　それでは、水素原子の周りの電子について考えてみよう。
　古典物理では、長岡半太郎が予言したような惑星モデルで水素原子が説明される。すなわち、プラスの電気を持った原子核の周りをマイナスの電気を持った電子が回っているというモデルである。
　ところが、ド・ブロイにより電子も波であることが提唱さ

れ、それが確認された。

電子も、それが観測されるまでは、波動関数で示される複素関数であった。これを数式化したのは、オーストリアの物理学者、シュレーディンガー（エルヴィン・ルードルフ・ヨーゼフ・アレクサンダー・シュレーディンガー　1887〜1961　オーストリア）であった。

写真を見てほしい。誰かを思い出さない？　パイプに火をつけようとしているその姿は、シャーロック・ホームズの風貌そのものではないか。

中高時代は、自然科学のみならず古典言語の文法や詩、そしてドイツの哲学者ショーペンハウエルを読みふけったそうである。後に「シュレーディンガーの猫」の思考実験を提示したのも、哲学書の影響であろうか。彼が示したのが、かの有名な「シュレーディンガーの波動方程式」である。

波として見たときの粒子は波動関数である。しかし波動関数そのものが単純な形で数式化されない場合は、時間および

E. シュレーディンガー　　　　シャーロック・ホームズ

第6章　シュレーディンガーの猫

空間に関する微分方程式を解かないと、波動関数そのものが明確にならない。このときの波動関数を導く方程式を波動方程式という。シュレーディンガーは、電子波が満足すべき波動方程式があるとすれば、電子の粒子としての属性（$E = h\nu$）と波動としての属性（$p = h/\lambda$）の双方を満足させる必要があると考えた。

その結果導かれたのが次の方程式である。

$$i\hbar \frac{\partial \psi}{\partial t} = -\frac{\hbar^2}{2m}(-\frac{\partial^2 \psi}{\partial x^2}+\frac{\partial^2 \psi}{\partial y^2}+\frac{\partial^2 \psi}{\partial z^2}) + U(x,y,z)$$

（h）の頭に棒を付けた記号を「エイチバー」と読み、これはプランク定数（h）を（2π）で割ったものである。

Uは、ポテンシャルエネルギーを表し...と煩わしい説明はしないから、安心してほしい。

ただし、次のことだけは、確認しておいてほしいのである。この方程式を解くと求められるのは（ψ）である。これは電子波（波動関数）である。つまり、シュレーディンガーの波動方程式を解くと、水素原子の周りの電子の波動関数を求めることができる。

電子の波動関数を2乗すると、存在確率が求められるのであるが、これを素直に受け止めると奇妙なことになる。

いままで電子が回っているだろう、と思われていた軌道で最も存在確率が高く、そこから外れるにつれ徐々に存在確率が小さくなって行く、まるで雲のように見える妙な図（図8）が描かれる。（実際の電子軌道は球面だから、本当はもっと絵にも描けないものである。）

しかも、この図が完全な電子の様子を示しているわけではない。あくまで、波動関数を2乗した確率分布が図のように

図8 水素原子の電子

原子核

絵にも描けない電子雲

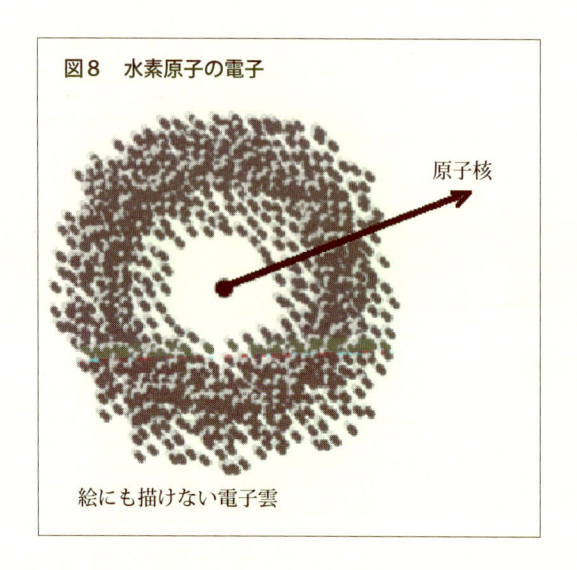

なるだけなのである。
　はいこの次は「猫」の話。

7．「猫」の生死

　シュレーディンガーの波動方程式から導かれる波動関数が、ある場合には水素原子の周りを回る電子の振る舞いを表すことは、前回までに述べた。その波動関数を2乗すると、図8のような電子雲で表現される存在確率の分布図として得られることも理解できたと思う。
　電子の分布図は、次の二種類の解釈ができる。
　　（1）水素原子の周りで何度も電子を観測すると、その分布が図のようになる。
　　（2）水素原子の周りの1個の電子を観測するとき、

第6章　シュレーディンガーの猫

　電子を見つける確率は、分布図に従う。

　普通に考えれば（1）が理解し易いと思うが、量子論の結論は（2）である。つまり図8は、まだ点々が見えているが、実際には点ではなく限りなく霧に近いものであって、点の集合ではない、ということだ。

　さらに、霧のように観測される電子雲は、あくまで波動関数という複素関数の2乗である。実際の波動関数は、霧のようなモノですらない。これを最終的にどのように捉えるかという問題は、シュレーディンガーの波動方程式が発表されたときから存在した。

　シュレーディンガー方程式から導かれる波動関数は、ある粒子のすべての状態の重ねあわせとして表現される。したがって水素原子の周りの電子は、原子核から無限に離れたところに存在するという状態、電子から一定の軌道上に存在する状態、原子核のごく近いところに存在する状態、……、というすべての場所に存在する場合の重ね合わせになる。

　このとき、その状態の2乗をとってみると、「一定の軌道上に存在する状態」が一番大きくなるということがいえるのである。

　この状況をもう少し単純化して提示してみよう。

　ある放射性元素Aが存在する。この元素Aが1時間以内に崩壊する確率が50%である、とする。これをどう見るか？

　（a）多数の粒子Aの崩壊を観測すると、1時間以内に崩壊する粒子が50%になる。

　（b）1個の粒子Aは、これから1時間以内に崩壊する確率が50%である。

この二つの見方がある。まあ、ここまでは、上記（1）（2）に対応している。単に見方の違いである。

であるが、この粒子Aを用いて次のような思考実験を行うとどうなるか。

　ⅰ）粒子Aをある容器のなかに入れる。
　ⅱ）容器の中には、粒子Aが崩壊したことを知るための検知器を入れる。
　ⅲ）検知器が粒子Aの崩壊を検知すると、青酸ガスが容器中に放出される。
　ⅳ）容器内部が見えないように周りを覆う。
　ⅴ）容器内に猫を入れる。
　ⅵ）1時間後、容器の中の猫は生きているか、死んでいるか？

これが、「シュレーディンガーの猫」といわれる問題である。既に述べたようにシュレーディンガー本人が提示した。

動物愛護の観点から上記のような実験は許されない！　と叫ばないでほしい。だから思考実験なのだ。

第6章　シュレーディンガーの猫

　（a）の立場をとれば、猫が生きている確率は50％である。

ところが、
　（b）の立場をとれば、猫が生きている状態が50％、死んでいる状態が50％というへんてこりんな状況が出現する。

（a）の立場をとる人は、こう主張する。
「猫は、生きているか、死んでいるかのどちらかである。その確立は五分五分だ」

（b）の立場をとる人の主張はこうである。
「猫は生きているという状態と死んでいるという状態を同じ程度に重ね合わせた状態だ」

　勘違いしてはいけない、（b）の立場は、猫が半死半生（息も絶え絶え）であるといっているのではない。「明確に生きている猫」と「全く死んでいる猫」が重ね合わされた状態であるというのだ。
　生きている状態と死んだ状態をどちらも持っている？　そんな猫がいるのか？
　それだけではない。覆いをとって「猫」の状態を見たとたんに、猫の状態は「生」か「死」に決定するということである。
　なんだか話がわからなくなってきた？
　でも量子論の神髄を当てはめると、上記のような状態が出現する。

覆いをとって、「猫」の状態を見るまでは、「猫は生きているし、死んでいる」という状態である。「生きているか、死んでいるかどちらかだが、その確率は五分五分だ」という状態とは明確に区別される。
　アインシュタインは、（a）の立場をとり、「神は、サイコロを振らない」といった。しかしボーアに代表されるコペンハーゲンで学んだ物理学者たちは、（b）の立場をとって「観測されるまでは、すべての状態の重ね合わせである」という立場になるのである。
　つまり「猫の生と死」も波動関数という複素関数で表される波になってしまう。さて、どちらが正しいか？
　明確な答えは、現在でも出ていない。

8．名問・珍解

　実は、前項でこの章を終わるつもりだったが、なにかいまひとついい足りない気がしていた。そんなとき、ある方から、次のような質問をいただいたので、これに答えることで、「シュレーディンガーの猫」に対する補足説明としたい。

【質問】
　なんで、シュレーディンガーが、くだんの箱の中に生き物、それも猫なんて入れたのかは知りませんが、いつも違和感を覚えてしまうのはその部分です。
　生きている状態と死んでいる状態の重ね合わせ、となった猫を想像できないんですよね。

第6章　シュレーディンガーの猫

　言葉を介しての意思の疎通はできませんが、猫にも意識があるだろうということはわかるわけで、だったら、自分が死んでしまったらそのことも多分わかるのではないかと思うわけです。猫の死＝粒子の崩壊であるなら、観察者＝猫ということになって、箱の覆いをとる前から（粒子が崩壊して青酸ガスが放出された時から）猫は生きているか死んでいるか、観測されている（重ね合わせ状態ではなくなっている）のではないかと思っちゃうんですよ。

　猫が自分自身の観察者たり得ない理由って何なんでしょうか？

【いいわけっぽい解答】
　ちょっと状況を変えてみましょう。猫を箱に入れるかわりに、白い玉を入れることにします。そして青酸ガスのかわりに赤いペンキを吹きつけることにします。つまり、粒子Aが崩壊すると玉は赤くなると考えてください。（多少ムラができるだろうというのは思考実験だからなしにします。）
　すると状況は以下のように変わります。
　1時間後の玉の状態は、白50％と赤50％の重ね合わせになります。決してピンクの状態ではありません。さらに玉に意思はありませんから、純粋に、観測するまで玉の状態は誰も知りません。これなら納得できるでしょうか？
　覆いをとって玉を観測した瞬間、玉の色は、白か赤かに決まります。それ以前は、重ね合わせとしか理解できない、というのが量子論の立場です。「猫」すなわち「意識を持っている」と考えるので、猫にはわかってしまう、ということを

考えてしまうわけで、「玉」なら問題ないだろう、というのがこの解答の趣旨です。
　絶対、そういう答えを期待しているんじゃない、よねえ。

【さらなる疑問】
　もし覆いを半分しかかけないで、覆いのある側にXという人がおり、覆いのない側にYという人がいるとする。実験の1時間後の状態はどうなるか？

　X氏にとっては、状況はいままでと同じ。「猫」は生きている状態と死んでいる状態の重ね合わせです。ところが、Y氏には全てが見えています。従って1時間後の「猫」は、生きているのか死んでいるのか、Y氏には確定している、これはいったいどのように解釈すれば良いのでしょう。

　さらに話を複雑にします。Y氏とX氏の間でサインが決めてあり、「猫」が死んだら、Y氏はX氏にサインを送ることにします。すると、X氏には「猫」の状態を見ていないのに「猫」の死がわかってしまう、という状態が発生します。これはどのように解釈すれば良いのでしょう。

【答えでない解答】
　ここまで来ると、もう観測、という問題は、それをどのように考えるか、という解釈の問題だけになってしまいます。
　他人がすでに観測してしまったら、もう自分の観測は無意味であるのか。
　本当に自分がこの目で見ることが観測であるのか。

第6章　シュレーディンガーの猫

観測を間接的に他人から教えてもらってもそれは観測であるのか。

「我思う、故に我あり」

デカルト（ルネ・デカルト　1596～1650　フランス）のいうとおり観測者の意思が、この宇宙の全ての事象を意味づける、といってもいいかもしれません。

デカルト

「我観測す、故に粒子あり」

次章、「ＥＰＲ論文をめぐって」は、この章と大いに関係する。

【コラム０７──月面バレーボール】

　学生時代、「月でバレーボールをしたら、どういうことになる？」という話題で盛り上がったことがある。
　もちろん、アルコール入りの会話だったので、話はかなり発散気味ではあった。

　【前提１】月は重力が地球の１／６である。
　【前提２】とりあえず、体育館を作って、そこには１気圧の空気があるものとする。

　「【前提１】があるから、選手は地球上より６倍ジャンプ

できるんだよな」

ということは、みんなすぐに考えついた。トランポリンの上でプレーしているようなものだ。ところが変なことをいいだした奴がいて、

「当然ボールの重さも、1／6になるだろう。これでは、ビーチボールでプレーしているようなもんで、まともなゲームになるわけがない。」

　そこで

【前提3】ボールの重さは地球の6倍で行う。

という前提ができた。これで、ボールの動きは地球上と同じになるはずである。

　次に、こんなことをいいだした奴がいた。

　　「ネットの高さも当然6倍でないとまずいよな」
　　「そうだな」
　　「ちょっと待て。俺たちの身長は6倍になるわけじゃないんだぞ。ネットが6倍の高さなら、ネットを越えたスパイクはできんぞ」
　　「じゃあ、ネットの高さは、どのくらいにしなけりゃならんのだ？」
　　「ジャンプ力だけが6倍になるんだから、理論的には、〈地球でのジャンプ力〉×6＋〈地球でのネットの高さ〉になるんじゃないの」
　　「なんだかそれじゃあ、ジャンプ力のある奴が地球より有利になるんじゃないか？」

第6章　シュレーディンガーの猫

「仕方がない、地球上で身長の高い奴が有利なのと同じだ」

「でもそれじゃあ、ネットの高さ決められないじゃん」

「とりあえず、〈全選手の地球上でのジャンプの高さの平均値〉×6＋〈地球でのネットの高さ〉としよう」

というわけで、

【前提4】ネットの高さは、〈全選手の地球上でのジャンプの高さの平均値〉×6＋〈地球でのネットの高さ〉

次に何をいいだすかと思ったら、

「フライングレシーブすると、地球の6倍とぶんだよな。だったら、コートの広さも地球の6倍いるんじゃないのか？」

「議論は前と同じだ。俺たちの身長が6倍にならないんだから、6倍のコートは広すぎる」

というわけで、

【前提5】コートの広さは、〈全選手の地球上でのフライング距離の平均値〉×6＋〈地球でのコートの広さ〉

という前提ができた。

これでまともな試合になりそうだ、と安心したのだが、

こんなことをいいだした奴がいて、

　「ジャンプして、地球の６倍飛べるのはいいが、最高点からコートへ降りるまで、６倍時間がかかるぞ」
　「跳び間違ったら降りてこられんわけだから、ブロックする側には不利だな」
　「ちょっと待て、ボールは６倍の重さなんだから、セッターが普通にトスしたら、地球上と同じ高さにしかボールは上がらんぞ」
　「……」

　月面でまともなゲームをするにはどうしたらいいのだろうか、誰か教えて……。

第7章　ＥＰＲ論文をめぐって

1．コペンハーゲン解釈

　私が、これまで明確にせず、無意識のうちにみなさんに押しつけていた「考え方」がある。これをきちんといっておかないと、私と異なる「考え方」をしている人は「論点のずれ」に気づかず、とまどってしまう恐れがある。というよりそういうことが実際に読者の頭に中で起きているはずである。
　だから、私はここで宣言しなければならない。
　私がこれまで書いてきたことは、コペンハーゲン解釈に基づいている。
　従って、これから私は、「コペンハーゲン解釈」という「考

コペンハーゲン　人魚姫の像

え方」を説明しなければならない。

　第6章で書いたボーアとアインシュタインの論争は、より根元的な解釈論に繋がっている。ボーアがコペンハーゲンに理論物理学研究所をつくり、若手の物理学者を招聘したことは以前に述べた。従ってボーアが主張した「考え方」を「コペンハーゲン解釈」と呼ぶ。

　量子論とは、観測されるものが、ある値として決定されるまでは波動関数である。いや波動関数としてしか表せないものである、と主張したのが「コペンハーゲン解釈」である。

　繰り返しになるかもしれないが、もう少し解りやすくいおう。

　「観測されるもの」は、観測される以前は、観測後の全ての状態を重ね合わせた状態である。

　なに、ますます理解しがたい？　こまったね。やはり例を挙げないとならないかなあ。

　粒子AとBがある。これは実はひとつの粒子の崩壊によって作り出されたものである、とする。粒子AおよびBは、それぞれ状態aと状態bをとることができるとする。ここで、状態aと状態bは同時には起こりえない、とする。従って、粒子Aが状態aの場合、粒子Bは状態bである。同様に粒子Aが状態bの場合、粒子Bは状態aである。

　コペンハーゲン解釈では、次のように考える。

　観測される前は、「粒子Aがa、粒子Bがb」および「粒子Aがb、粒子Bがa」という状態が同時に存在する。これは波動関数で表され、次のように記述される。

第7章　ＥＰＲ論文をめぐって

$\Psi = \psi_1$（Aがa、Bがb）$+ \psi_2$（Aがb、Bがa）
従って、「Aがa」であることが「観測」されれば、
$\Psi = \psi_1$（Aがa、Bがb）
になり、「Aがb」であることが「観測」されれば、
$\Psi = \psi_2$（Aがb、Bがa）
であることになる。これが、「波束の収縮」である。

コペンハーゲン解釈の骨子は次のようになる。
　粒子Aを観測すれば、粒子Bの状態が確定する。
ここまでを、再度確認してほしい。

２．ＥＰＲ解釈

３人の人物がいる。
　　アルバート・アインシュタイン（Einstein）
　　ボリス・ポドルスキー（Podolsky）
　　ネイサン・ローゼン（Rosen）
である。この３人が連名で論文を発表した。３人の名前の頭文字をとって、これをＥＰＲ論文と呼ぶ。

アインシュタイン　　ポドルスキー　　ローゼン

ＥＰＲ論文（実際に書いたのはポドルスキーである）は、次の主張をする。

　前項で、ψ_1（Ａがa、Ｂがb）で表した観測を位置の測定、ψ_2（Ａがb、Ｂがa）で表した観測を運動量の測定と考える。不確定性原理により、位置と運動量は一度の観測で決定することはできない。その上で、次の思考実験をする。
・ある粒子がＡとＢに崩壊した
・ＡとＢは充分な時間の後には遠く離れる
・Ａの位置を測定すれば、Ｂの位置がわかる
・Ａの運動量を測定すれば、Ｂの運動量がわかる
・ＡとＢは遠く離れて相互作用はできない
相互作用はできないのに、Ｂの位置あるいは運動量がＡの測定によってわかる。つまり、Ｂは確定した位置も運動量も持っている。これは、不確定性原理に矛盾する。

　これをＥＰＲパラドックスという。要は、遠く離れたＡとＢなのに、Ａの位置を測定するか、運動量を測定するかの選択がＢに影響するのはおかしいと言ったのである。
　いい換えれば、Ｂの存在が、Ａの存在に依存するのはパラドックスだといってもよい。

　ＥＰＲはさらに主張する。Ａへの測定がＢに影響するわけはないので、ある粒子がＡとＢに別れたとき、Ｂは位置と運動量を決定するための「隠れた情報」を持って飛び去るはずだ。我々はその「隠れた情報」を未だ知らないだけである。だから量子論は不完全である、と。

第7章　ＥＰＲ論文をめぐって

　一個の粒子の不確定性原理なら許せても、一方の観測が他方の値を決める場合には通用しない。過去に接触を持てば、その接触が切れてしまったあとでも物体間には特別な相関が存在することになる。このパラドキシカルな相関を「ＥＰＲ相関」と呼ぶ。

余談
　『わかってしまう相対論』を読んでいない人には、理解が困難だと思うが、Ａが観測されたという「事実」をＢに伝えるのは「タキオン」である。それも速度無限大の「超越タキオン」だ。それは物質ではなく、単純なる「事実」といえるかもしれない。速度無限大ということは、この宇宙の全ての場所に存在することに等しい（だって、どこへ行くのにも時間がかからないのだから）。従ってＥＰＲ相関は、因果関係の時限爆弾である。……わからない人は、『わかってしまう相対論』を買い、「第８章　メタ相対論」を読まねばなりませぬ。

　しかし「ＥＰＲ相関」がパラドックスである、ということをボーアは認めなかった。ボーアは、ＡとＢを含む観測系自体がひとつの系である、と主張したのである。そして無数の粒子が相互作用した結果としての宇宙が存在する。すなわちひとつの系は、系の全体に依存しないような部分へと分解できない。つまり、宇宙とはもはや分離できない全体である、ということになる。
　付け加えるならば、ＡもＢもどちらかが観測されるまでは、波動関数（負の確率振幅）という幽霊なのである。だから、

光速を超えて、一方の観測で他方の状態が決まっても、因果律の崩壊にはならない。ＡもＢも過去に起こったことの原因とはなり得ないからだ。

さて、長くこの議論には終止符が打たれなかったが、驚くべきことに、ＥＰＲ論文から５０年を経て、アスペ（アラン・アスペ　1947〜　フランス）および、クラインポッペン（ハンス・クラインポッペン　イギリス）が、この「ＥＰＲ相関」を実験で確かめてしまった。

彼らの行ったことは、ひとつの原子から発生した二つの光子を左右に放ち、それぞれの光子を偏向レンズの傾きを変えながら観測するという実験だった。

なんと結果は、左右に分かれた光子の一方で測定された偏向状態が、もう一方の光子に影響することが確認された。

この事実は、多分、いまあなたが考えているほど軽い物ではない。

　かつて、アインシュタインはいった。
　　「幽霊のようなテレパシー、確率だけの予測。それを
　　物理学と呼びたくはありません。自然は、もっと単純な
　　美しさを持っているはずです」
対してボーアは答えた。
　　「その理論が正しくないなら〈単純な美しさ〉など何
　　の意味も持たないのです。私たちは、古典物理学に慣れ
　　すぎました。ミクロの世界は、私たちの常識を越えたつ
　　ながりを持っているのです」

　ＥＰＲ相関はパラドックスではなかった。この宇宙の真実

だったのである。

さて、ここまでをまとめよう。
ＥＰＲ相関は正しい。
この相関を持った粒子の一方をあなたが観測してしまったら、どこかわからない場所で、対応するもう一方の粒子の状態が決定してしまう。

これは、あなたが、ＴＶで、遠くはなれた場所で行われているスポーツゲームを見るか見ないかで、そのゲームの結果を左右するかもしれない、ということだ。それは、他の全ての人の意思には関係がない。

だから、「我観測す、故に現実あり」なのである。

「シュレーディンガーの猫」の結論
だれかが先に猫の生死を見てしまえば、その瞬間に猫の生死は決まる。あとから見る人の意思には関係なく。

本当にこの結論でよいのだろうか？　みなさん、どう思います……。

3．福士の解釈

前項の最後を、私からみなさんへの問いかけの形にしたが、いかが思われただろうか。

「シュレーディンガーの猫」に代表されるように、量子論的世界観は、人間の解釈の問題になってしまう。

物理は常に客観的なものであり、個々人の意志がその結果に影響を及ぼすものではない。あなたは、そう考えていたと思う。しかし、量子論の本質を見つめると、それが怪しくなってくる。ミクロの世界は、ラプラスの悪魔に支配された決定論に沿って動いているのではなく、波動関数という虚の確率振幅に左右される。ある場所で相関を持った粒子は、その後どんなに離れても、お互いに影響を及ぼす。

都筑卓司

　これは、もはや哲学の領域に踏み込んでいる。そして、私がこんなことを考えるに至ったのは、都筑卓司（1928〜2002　日本）先生の影響によるところ大である。

　都筑先生は、物理を素人にもわかりやすく解説する文章に定評があった。特に講談社のブルーバックスシリーズでは、氏の著書はことごとくベストセラーになった。まだまだ活躍してほしい人であったが、2002年惜しくも逝去された。享年74歳。

　私も高校時代、都筑先生の著書を全て読み、物理を好きになった。私の人生を決定した人であるといってよい。

　都筑先生の講義で物理を学びたかったと、いま痛切に思う。いなくなってその偉大さがわかる人物のひとりである。

　都筑先生がいっていたように、物理学が取り込む哲学はあくまで解釈であり、絶対的真実と決めつけてはならない。

　私も同じように考えている。バックボーンとして持っていることは構わないが、その解釈を他人に押しつけてはなるま

い、ということが私の考え方の基本である。

それを理解してもらったうえで、本項では私の解釈を明確にする。

骨子は、量子論と「観測者の意識」の問題である。

つまり「シュレーディンガーの猫」に象徴的に示されているように、その猫が死んでいるのか生きているのかを知ることは、「見る人」の意識（納得）の問題である、ということがいいたい。

余談
よくいわれる、「誰もいない森の奥で大木が倒れた。その音を誰が聞いたか」という問いかけ。誰も聞かない、それならば本当に木は倒れたのか、という命題である。私の考えはこうである。

　　「木は倒れた」
疑問を持たれる方が多いと思われる。私は、この本を書く前提として「物理学とは人間が認識しうる自然現象を説明する学問である」と定義したのであった。それならば誰も認識していない倒木という現象は無かったのではないか、と思われるのは当然である。しかし違うのだ。「誰かが」森に入って倒木を見、よく調査すれば、木が倒れたときの音を説明できるはずである。これが私の立場だ。

閑話休題
もし、覆いをとってあなたが猫の死を確認したとする。そのときあなたは何を知るか？　猫の死を知る？　もちろんである。がしかし本当に認識するのは次のことなのである。

「誰も見ていない容器の中で猫は死んでいた。いつ死
　　んだのかはわからない。」
そうでしょう。これが「人間の意識」から見た猫の死なのである。

　これを敷衍（ふえん）すると、量子論が示す問題は、「猫の死」ではない、あくまで「粒子の崩壊」である、ということになる。

　粒子が崩壊することによって放射線（素粒子）が飛び出す。その放射線が、計測器内の検知器の素粒子と相互作用する。これが量子論での問題の全てなのである。

　粒子の崩壊の結果飛びだした素粒子（もちろんそれは「量子」である）が検知器という名の素粒子に捕まえられた、という事実で量子論は終わりである。それが原因で猫が死のうが、生きのびようが本来量子論は知ったことではない。

　粒子が崩壊し素粒子が飛び出す、という現象は量子論では、それが検知器によって捕らえられるまでは「波動関数」という波なのであって、それは（2乗すると）確率になる。そしてその素粒子が検知機内の素粒子と相互作用した瞬間に「波束は収縮」する。

　この時点で波動関数は消えている。量子論的にはこれで終わりである。従って私の解釈では、

　　「猫の生死」というマクロな現象は、波動関数で表される物理現象ではない。

つまり「見る人」が猫の生死を知ることは実は「風が吹けば桶屋が儲かる」みたいなさまざまな因果関係を持つマクロな現象が雪崩のように波及した結果なのである。ここに「人間の意識」が紛れ込む。

第7章　ＥＰＲ論文をめぐって

　人間の意識（認識）を無視しているものではない（都筑先生もことある毎にこれを強調されていたことを思い出す）。
　根元的物理現象を説明する量子論と人間の認識の間には、もっと別の現象論が挟まっている、というのが私のいいたいことだ。
　人間の意識を私は「この宇宙を覗き込む目」である、と表現して来た。物理学の役割は宇宙で起こる現象を淡々と説明するのみである。身も蓋もないいい方をすれば、「だから何だ」という話である。しかし人間という意識体はそれを知りたいものなのである。
　この意味で、それを認識する客体としての「あなた」が存在しなければ、「宇宙だってない」のである。
　量子論の認識には、コペンハーゲン解釈のみ存在するのではない。有名な、多世界解釈（エヴェレット解釈）もその一つであるが、その話はここではしない。私の立場は、多世界解釈も「風が吹けば桶屋が儲かる」の論理ではないかと思うのである。人間が量子論を認識するときの一種の便宜ではないかと思うわけで、多分量子論自体が関知する世界ではない。だから「多世界解釈」が無意味だとはいっていない。それはそれで考えはじめれば、私の平和な日常が音を立てて崩れるのかもしれない。ただ、私の平和な日常が音を立てて崩れようがどうしようが、それは量子論の問題ではない、と考えるのだ。

　最後に
　　「だれかが先に猫の生死を見てしまえば、その瞬間に猫の生死は決まる」

この場合の「だれか」とは、意識を持った人間に限らない、ということだ。

【コラム０８——都筑卓司氏】

　本文では語り尽くせなかったので、都筑卓司先生についてもう少し話をさせていただきたい。都筑先生を語るときに、過去形で書かねばならないことに限りない悲しみを感じてしまう。（生きておられたら、今年86歳だから私の思い込みでこのように感じるのかもしれない。）
　この本を読んでくださる方には、知っている人も多いかも知れない。講談社の"BLUE BACKS"という「科学をあなたのポケットに」をキャッチ フレーズとするシリーズ本があって、その中でも物理の分野では、出す本出す本みんなベスト＆ロングセラーになるという伝説的な物理学者が都筑先生だった。私も、高校時代に氏の本と出逢い、物理の道に入ったのも間違いなく氏の影響である。
　実は物理の啓蒙書（私はこの言葉があまり好きではない）を書くのはかなり難しい。厳密性を求めて、正確に定義された用語だけを並べると、読者には何も伝わらない。専門家でない人に理解出来るように物理を記述するのは非凡な才能なのである。さらに、それを面白いと読者に思わせるのは至難の業だ。（こんな本を書いている私がいうのだから間違いない。）
　氏は、東京文理科大学（現在の筑波大学）卒業後、横浜市立大教授に就任、理学博士であり、著名な作家でも

第7章　ＥＰＲ論文をめぐって

あり、ＴＶの教養番組にもレギュラーで出演したこともあるというマルチ人間であられた。

また、氏の特技は、日本全国津々浦々のどこかの地方都市の写真を見て、どこの市であるか当てることができるというものであり、それほどの旅好きであったそうだ。

氏は、1994年に同大名誉教授に就任され、著述活動にも励まれておられたが、2002年惜しくも亡くなられた。「マックスウェルの悪魔」「不確定性原理」「タイムマシンの話」「四次元の世界」「物理トリック＝だまされまいぞ」「時間の不思議」etc　etc...

　白状しなければならない。この物理エッセイ本は、都筑氏の著書の影響を色濃く受けていて、知らず知らずに、氏の語り口に似ていると自分でも感じることがある。決して、氏の著書のどこかを丸写ししているわけではないのだけれど。

考えてみれば、私が大学にいたころは、量子論もまだまだ未熟だったし、クォークという超素粒子（？）なんてまだ存在していなかった。技術系とはいえ、普通のサラリーマンの私が、物理への好奇心を持ち続けていられる歓びを、都筑先生に感謝したい。

最後に、氏のご冥福をお祈りして。合掌……

第8章 量子論的な力

1. 原子間力

　唐突かもしれないが、水素分子を考えてみよう。

　水素分子とはなにか？　それは分子記号(H_2)で表される。多分誰でも知っている。水素原子がふたつくっついたものである。しかし、これに疑問を持った人はいないだろうか？

　図9を見てもらいたい。これは古典物理での水素分子モデルである。原子核の周りを回転している電子2個には、電磁気力いわゆるクーロン力が働く。クーロン力は、同じ電荷では斥力だから、当然電子間にも斥け合う力が働くので、この古典モデルでは、水素原子ふたつが水素分子を構成することができない。

　これを不思議に思わなかったか、ということだ。

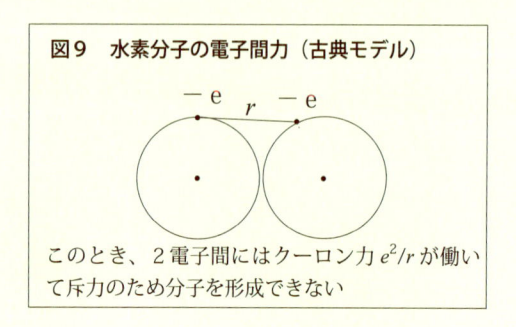

図9　水素分子の電子間力（古典モデル）

このとき、2電子間にはクーロン力 e^2/r が働いて斥力のため分子を形成できない

第8章 量子論的な力

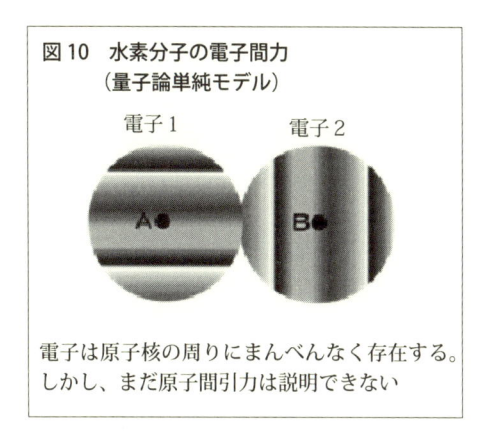

**図10 水素分子の電子間力
（量子論単純モデル）**

電子1　　電子2

A●　　B●

電子は原子核の周りにまんべんなく存在する。
しかし、まだ原子間引力は説明できない

　水素原子2個が水素分子を作ることは、ニュートン力学やマックスウェルの電磁気学をどのように駆使しても説明不可能なのである。

　そこで、図10を見てもらいたい。この読み物で量子論を知った人なら理解できる。実際の原子とは原子核の周りを電子の粒が回っているのではない。雲のように存在している。（厳密にいうと、観測するまでは存在すらしていない。絶対値を2乗すると、存在確率になるところの波動関数という波である。）

　これをくっつけて並べてみたのが図10である。これをいくらにらんでいても、やはり分子はできそうもない。おそらく、やはりクーロン力のために分子は離れてばらばらになるだろう。

　そこで図11である。水素原子がある一定値より近づくと、ふたつの電子はもはや区別できなくなってしまうのである。つまり（電子a）が原子核Aの周りにいて、（電子b）が原子核Bの周りにいる、と単純にいえなくなるのである。とい

図11　水素分子の電子間力
　　　（量子論正規モデル）

原子核の周りに存在する電子はA，Bどちらの原子核の電子か区別できない

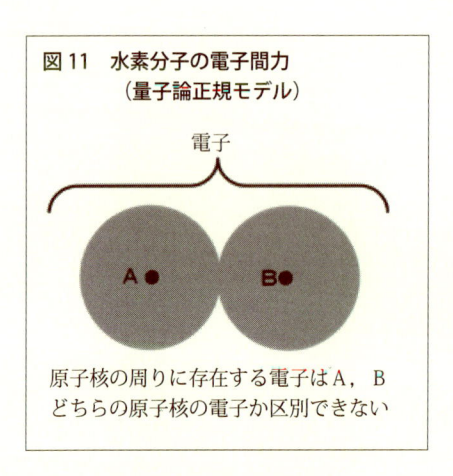

うよりも、電子2個は、（電子a）、（電子b）と区別できなくなる。つまりどちらの電子も原子核AとBの周りに存在する（これを混成軌道という場合がある）。

　要するに、原子核AとBは、2個の電子を共有するために結果的に2原子間には引力が働く。これを共有結合という。

　えっ、H_2は、わかったよ、だけど何でH_3やH_4がないのかって。
　うーむ、鋭すぎる質問である。これを説明するためには、ちょっと長い話が必要だ。

2．パウリの排他律

　ここに一人の物理学者がいる。名前をパウリ（ヴォルフガング・エルンスト・パウリ　1900〜1958　オーストリア）という。

第8章 量子論的な力

実はこの読み物でも初登場ではない。第2章の5項「若き物理学者はコペンハーゲンを目指す」で名前が出ている。ボーアの誘いでハイゼンベルクと共にコペンハーゲンへ参集した若き物理学者のひとりである。

もちろん理論物理学者である。なぜこれを強調するかというと、実験物理が全くダメだったらしいからだ。「実験べた」というレベルではなかったらしく、「パウリがそばに来たら実験が失敗する」とか「パウリ効果で彼が触れた実験器具が壊れる」とまでいわれたそうな。

W. パウリ

ところが彼は「理論物理学の良心」とも呼ばれ、曖昧さを許さない姿勢から厳格な批判者でもあった。時には他人を挫折させるほど批判は辛辣であったという。容貌からもなんとなくそれはうかがえるように思う。

こんなエピソードがある。日本の湯川とは全く独自に中間子論を思いついたシュティケルベルクという学生は、先生であるパウリに、「いくらつじつまが合うからといって、勝手な粒子を仮定するものじゃない」と、論文が却下されてしまったということだ。（却下されなければシュティケルベルクは、ノーベル賞だったかも。）

パウリもノーベル賞を受賞しているが、その時の功績は「パウリの排他律」として知られている。

もしもこの宇宙に「パウリの排他律」がなかったら、原子・分子の世界は非常に混乱を極め、もしかすると一個の原子は原子核と電子の団子になっていたかもしれない。

この項では、その「パウリの排他律」を説明してみよう。前項で書いたH_3やH_4ができない理由に繋がる。

　一気に結論を書いてしまうと、「パウリの排他律」とは、「ひとつの電子軌道には全く同じ量子状態の電子は一個しか入れない」という原理のことである。

　まず、「量子状態」という言葉が意味不明である。そのはずである。

　量子力学では、古典力学と異なり「状態」はさまざまな「状態」の重ね合わせである、ということを思いだしてもらいたい。例えば「電子の位置」という「状態」を考えると、古典力学では、ある時刻の電子の位置は一個の状態しか持たない。ところが量子力学では、ある時刻の電子は、AにもBにもCにもDにも……存在するのである。思いだしてきたかな、そう、これが波動関数であった。つまり、「量子状態」とは、状態の重ね合わせとしての「波動関数」である、と理解してもらいたい。

　従って「パウリの排他律」とは、

> ひとつの電子軌道には同一の波動関数を持った電子は一個しか入れない

ということである。

　少し話が専門的になるが、一応書いておく。

　実は電子の場合、量子状態というのは4個の量子数（主量子数、方位量子数、磁気量子数、スピン量子数）から決定される。（それぞれの量子数が何を意味するかは述べない。）で、電子が原子核のどこに存在するかは、最初の3つ（主量子数、方位量子数、磁気量子数）で決まってしまうのであ

る。だからこの3つが全く同じものは、スピン量子数が違っていないと、同一軌道に入れない。これが「パウリの排他律」の結論である。

ここでスピン量子数とは何か、それは「電子の自転方向だ」と、とりあえずいっておく。これは、「右回り」と「左回り」の2種類しかない。

よって「パウリの排他律」によれば、

　　同一電子軌道には、「右回りスピン」電子と「左回りスピン」電子の2個が存在できる

ということになる。

水素原子という単純な原子では電子軌道は1個しかなく、その軌道に1個の電子が入って水素原子はできあがっている。しかし、いま述べたように、この軌道にはスピンの異なるもう1個の電子が入ることができるので、エネルギー的には安定ではない。そこで、もうひとつの水素原子と軌道を共有して、そこに2個の電子を入れて安定になろうとする。この結果できあがるのが水素分子（H_2）である。これはとりもなおさず、H_3やH_4が存在できない理由でもある。ひとつの軌道に電子が2個しか入れないからだ。

これに対して、ヘリウム（He）では、1個の軌道を2個の電子が埋めているので安定なのである。元素の周期律表で一番右の列にある元素は、このように埋まるべき軌道がきちんと埋まっているので、不活性元素（ヘリウム、ネオン、アルゴンなど）と呼ばれるのだ。

水素のように軌道が埋まっていない元素は、他の元素の電子と共有結合のための手をさしのべているともいえる。この

手をさしのべる電子を「価電子」という。酸素（O）はふたつの価電子を持っている。その二本の手に、一本の手を持った水素が結合したものが水分子（H_2O）である。

「パウリの排他律」は、実は電子にだけ適応されるのではない。正確にいうと、「ふたつ以上のフェルミ粒子が全く同一の量子状態をもつことはできない」になる。フェルミ粒子ってなに？　これは素粒子論で取り上げることにしよう。

3．力の種類

さて、唐突に問いを発する。

この宇宙を成立させている根元的な力とはいったい何だろうか？

・そんなこと考えたこともないなあ。
・多分万有引力じゃないの。
・いや、磁石の力もあるぞ。
・それをいうなら電気だってそうだろう。
・地面の上のサッカーボールを蹴ったら飛んで行く、というのも力だろう。
・台風が街路樹をなぎ倒す、ってのは力じゃないのか。
・作用・反作用という力もあったぞ、ニュートンだよ。
・ニュートンといえば、力と加速度の関係式もあったなあ。
・そうそう「$F = ma$」、(m) は質量、(a) は加速度、(F) が力。

こんな解答が返ってきそうである。

第8章　量子論的な力

　もし、これ以上の解答をいえる人がいたなら、絶対それはどこかで習った知識であるはずだ。なぜなら、上記以外の力というのは一般の人には絶対、実感できないからである。
　上記に書いた力をまとめて
　　（1）万有引力
　　（2）電磁気力
という。それも万有引力を除けば全て電磁気力である。
　そして、万有引力は、「重力」という言葉で表現されるのが普通である。
　サッカーボールと台風は何なんだ、という疑問、自然である。
　実は、どちらも電磁気力だ。というよりも私たちが自然界で見る力というのは、重力を除けばまず間違いなく電磁気力であると考えてよい。というのは、原子核と電子の間に働く力が全て電磁気力であるからだ、といえば納得してもらえるだろうか。（正確にいえば、原子核と電子の間にも重力は働くが、電磁気力に比べてあまりにも小さく、これはまず考える必要はない。）

　思いだしてもらいたい。電子は、原子核の周囲に存在し、その軌道がとびとびであったことを。このとびとびの軌道を電子が行き来するとき、光を出し入れするのであった。この光の出し入れがとりもなおさず電磁気力である。
　原子が光のやりとりを行う。その放出する光を他の原子が受け取る、これが力である。つまり電磁気力とは、光が媒介する力である。実はこの考え方はニュートン力学には存在しなかった。力というのは、「何か」が媒介する、という考え

方のことである。そしてこの考え方を「近接力」という。これに対して、力を媒介する「もの」を想定せず、力とは瞬時に相手に到達する、という考え方を「遠隔力」と呼ぶ。

実際の観測により、力は「近接力」であり、媒介する「もの」が必要だということが明らかになった。そして電磁気力を媒介するのが光である、ということも明らかになったのである。原子が分子を構成する力も、電子の共有結合やイオン結合によるので電磁気力である。となれば、原子・分子レベルで働いている力は電磁気力だけということになる。だから、サッカーボールも台風も、(膨大な) 原子・分子の相互作用から起こるので、電磁気力なのである。

であれば、重力も何かが媒介しているのか？　と考えるのは自然である。その通り、量子論では、重力子 (グラビトン) という粒子が存在し、重力を媒介している、と結論した。ただし、この重力という力はあまりに小さく、これを媒介する重力子もまだ実験で確認されるに至っていない。

重力が小さいって、そんなばかな！　と思う人がいるかもしれないが、私たちが重力を感じることができるのは、相手が地球ほども大きい場合だけなのである。もし重力が桁違いに大きければ、私とあなたの間に働く力も目立つほどに大きくなって、街を歩いて近づく人がいれば注意していないと衝突してしまう、となれば、生活がわやである。

さて、ここから先の話をすると、実は「素粒子論」の領域に入ってしまうのだが、最低限、自然界の4つの力の話だけはしておかねばならない。

4つの力とは、

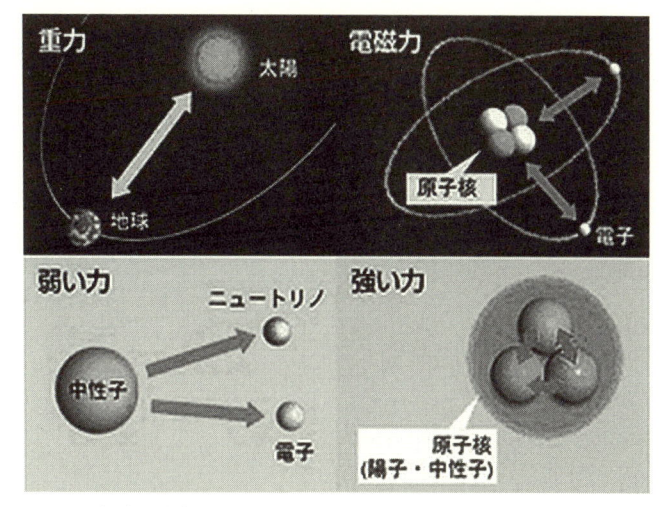

（1）重力
　（2）電磁気力
　（3）弱い相互作用
　（4）強い相互作用
である。

4．根元的な4つの力

　前項で、自然界には4つの力があるといい、それは（1）重力、（2）電磁気力、（3）弱い相互作用、（4）強い相互作用であるとした。そして（1）と（2）は前項で話もした、なじみの深い力である。
　ところが後ろのふたつには「力」という言葉が出てこない。そして「弱い」だの「強い」だの妙に漠然とした響きの言葉である。おそらく専門に物理を学んだ人でなければ知らない

力であろうと思われる。

まず、弱い相互作用であるが、これは、ベータ崩壊を起こす力である。

わかりにくいよねえ。とりあえず、ベータ崩壊を説明する。

中性子1個を、はだかで単独に取り出しておくと、やがてこれは電子（ベータ線）を放出して陽子に変わる。これをベータ崩壊と呼ぶ。（正確には、電子と共にニュートリノも放出している。）

E. フェルミ

ベータ崩壊の理論的研究は、フェルミ（エンリコ・フェルミ 1901～1954 イタリア）によって行われた。フェルミはボーアのかけ声でコペンハーゲンへ集結した物理学者には入っていない。しかし、ディラックら若手と同年代の学徒であり、量子論から素粒子論へと研究を進め、後にイタリア・ファシズムによって故国を追われ、アメリカに渡ることになる。（奥さんがユダヤ人だったので迫害を受けた。）

ところで、何でベータ崩壊が「力」なんだ、と思った人は正常である。実はベータ崩壊発見当初は、この現象が「核力」いわゆる、原子核内の陽子・中性子を結びつけている力ではないかと思われたのである。

原子核の中には、複数の陽子・中性子がある（水素原子は例外、陽子のみ）。中性子が陽子に変わることはフェルミによって確かめられている。また、陽子も電子とニュートリノを吸収すると中性子に変わる。粒子が互いに姿を変え合うとき、そこに力が働くというのが量子論の導き出す結論である（すでに説明した共有結合と同じ理屈である）。つまり、粒

第8章 量子論的な力

子Ａと粒子Ｂが別の何らかの粒子を出し、それをキャッチボールするときＡ〜Ｂ間に力が働くのである。電子と陽子が光子をキャッチボールしているのは既に説明した。

この理由によりベータ崩壊こそが核力の原因だと考えられたのだ。

湯川秀樹

ところが実際に計算してみると、ベータ崩壊程度では、強い強い核力はとても説明できないことが明らかになった。陽子と陽子という電気的に反発する粒子をごくごく小さい原子核内に閉じこめておくにはベータ崩壊とは桁違いの大きな力が作用していなければならない。

そこで、考えられたのが、核子がキャッチボールしている「なにか」があるだろうということで、これは自然な考え方である。核子が強く結びつくためにキャッチボールする粒子は、電子やニュートリノのような軽いボールでは話にならない。計算の結果電子より200倍以上も重い粒子をキャッチボールしなければならない。

この提案をしたのが、湯川秀樹（1907〜1981　日本）であり、キャッチボールする粒子を「中間子（メソン）」という。

余談

実は発表当時、湯川博士の「中間子論」には、多くの批判があった。それは、「新しい粒子を仮定すれば、どんな物理現象でも簡単に説明できてしまうではないか」というものである。

量子論育ての親、ボーアが来日したとき、「中間子論」を

熱心に説く湯川博士に対し、「君は、そんなに新しい粒子が好きなのか」と冷ややかに答えた話は有名である。

次の話は都筑卓司先生の著書『10歳からの量子論』からの引用である。面白いので紹介する。

「推理小説を書くとき、〈絶対に未知の薬物を使ってはならない〉という前提があるそうだ。作家が勝手に、ここに特殊な毒薬があり、これを飲むと三日目にころりと死ぬことになる……などと言い出したら、密室殺人も可能だし、アリバイ崩しもめちゃめちゃになってしまう。」

ここからは、私の意見。シャーロック・ホームズの短編に『悪魔の足』という話があるが、これは上記に違反している。（わからない人は『シャーロック・ホームズ　最後の挨拶』という短編集を読むこと）

閑話休題

ボーアらの批判にもかかわらず、実際に実験物理学者によって宇宙線のなかから中間子は発見された。そしてその質量は湯川博士の予言通り、電子の273倍であった。湯川博士が中間子論を発表してからノーベル賞を受賞するまで実に14年かかっている。これは、実際に中間子が発見されるまでそれだけの時間がかかったからである。

上記のいきさつから、ベータ崩壊という力は、核子を結びつける力に比べて極めて小さいという意味で「弱い相互作用」と呼ばれるようになった。これに対し、湯川博士が主張した中間子のキャッチボールは「核力」と呼ばれたが、その一方で「弱い相互作用」に対して「強い相互作用」とも呼ばれることになったのである。

注）「核力」と「強い相互作用」とは、厳密には異なる。

5．補足

さて、新しい章に入る前に、この章の補足事項をいくつか話しておこう。

（1）元素の周期律表
パウリの排他律を説明したとき、「実は電子の場合、量子状態というのは4個の量子数（主量子数、方位量子数、磁気量子数、スピン量子数）から決定される。（それぞれの量子数が何を意味するかは述べない）」ということで話を打ち切ったため、ここで読者のみなさんは何かもやもやとした気持ちになってしまったことだろう。

元素の周期律表（メンデレーエフ（ドミトリ・イヴァーノヴィチ・メンデレーエフ　1834～1907　ロシア）が作った）を見たとき、第1周期には、水素・ヘリウムの2元素しかなく、第2・第3周期では、8個の元素、第4・第5周期は18個…、と末広がりになっていることに疑問を持った人がいたと思う。

これを簡単に解説しておく。これは量子化学に属する分野の話である。（細かく話し出すと非常に長くなるので、さわりだけ）

電子の量子数は、4つある。

D．メンデレーエフ

それぞれ「主量子数」「方位量子数」「磁気量子数」「スピン量子数」である。最初の3つが、電子のエネルギーと存在位置を決める量であり、最後の「スピン量子数」が右回りと左回りのふたつがあるため、ひとつの軌道にふたつの電子が存在を許される、というのが「パウリの排他律」であった。ここまでは復習である。

さて、電子の軌道には、内側から、K殻・L殻・M殻…、と名前がつけられている。この殻の違いは、実は「主量子数」が、異なっており、K殻は主量子数＝1、L殻は主量子数＝2、M殻は主量子数＝3……となっている。つまり「主量子数」は、電子のエネルギーを表している。

次に「方位量子数」「磁気量子数」を考える。

K殻では、方位量子数＝0、磁気量子数＝0しかない。従ってK殻での電子軌道は一個しかなく、これを「1s軌道」という。

L殻では、方位量子数＝0、1、磁気量子数＝1、－1を持つので電子軌道は4つとなる。それぞれ「2s軌道」「$2p_x$軌道」「$2p_y$軌道」「$2p_z$軌道」と呼ぶ。（sがつく軌道は「方位量子数」が0で円軌道、pが付く軌道は、「方位量子数」が1で3方向への団子が繋がった形になる。）

一般には
 主量子数＝1 ： 方位量子数＝0   （1通り）
 主量子数＝2 ： 方位量子数＝0、1 （2通り）
 主量子数＝3 ： 方位量子数＝0、1、2（3通り）
  ……
であり、

第 8 章　量子論的な力

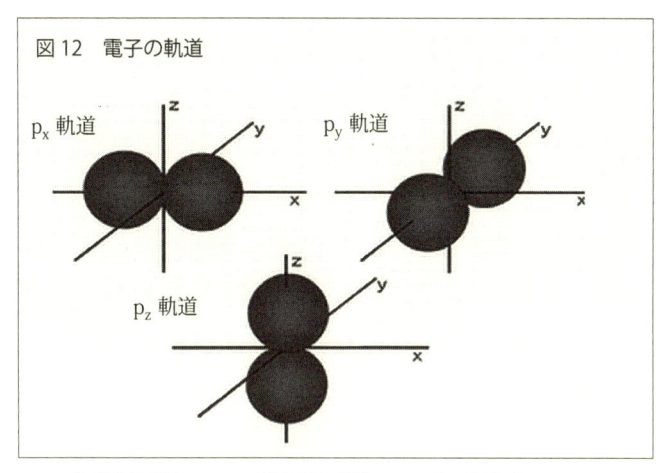

図 12　電子の軌道

p_x 軌道　　　　　　　　p_y 軌道

p_z 軌道

　方位量子数＝ 0：磁気量子数＝ 0（1 通り）
　方位量子数＝ 1：磁気量子数＝ 0、1、－ 1（3 通り）
　方位量子数＝ 2：磁気量子数＝ 0、1、－ 1、2、
　　　　　　　　　　　　　－ 2（5 通り）
　　……
なので、以下のことがいえる。
　主量子数＝ 1（K 殻）：　1 s 軌道のみ（1 種類）
　主量子数＝ 2（L 殻）：　2 s 軌道と 3 つの 2 p 軌道
　　　　　　　　　　　　　　　　　（4 種類）
　主量子数＝ 3（M 殻）：　3 s 軌道と 3 つの 3 p 軌道、
　　　　　　　　　　　　　5 つの 3 d 軌道（9 種類）
　　……
となるのである。

　これに「スピン量子数」を考慮に入れると、パウリの排他律で、それぞれ 2 倍になるので、

第　1　周期：　　2元素
　　　第2・3周期：　　8元素
　　　第4・5周期：　18元素
　　　　……

がいえることになる。

（2）強い相互作用・弱い相互作用

「核力」であるところの「強い相互作用」を媒介する粒子は、「中間子」であるという話をした。ところが、「ベータ崩壊」を発生させる「弱い相互作用」を媒介する粒子の話はしていない。これは片手落ちではないか？　その通りである。しかし、その話をやり出すと、それはすでに量子論を離れて素粒子論の世界に入ってしまう。

また、正確にいうと、「強い相互作用」を媒介する「中間子」も実は素粒子ではない、という話もしなければならず、これも量子論の範疇を外れてしまう。従って、この時点で、その話はしない。なぜなら、私はこの『わかってしまう量子論』のあとに『わかってしまう素粒子論』を書こうと思っているからである。

従って、上記の件に関しては予告だけしておく。

「強い相互作用」を媒介している本当の粒子は、「グルーオン（膠着子）」という。

「弱い相互作用」を媒介する粒子を「ウィークボソン」という。

さて次章は、量子論の最終章である。

第9章　量子忍法

１．絶対零度

「絶対零度」という言葉をご存じだろうか？
　これを理解してもらうためには、まず「絶対温度」を説明しなければならない。
　みなさんに最もなじみ深い温度を「摂氏温度」という。単位は「℃」。まさに普段私たちが使っている温度のことである。この摂氏温度というのは、水が凍る温度を０℃、沸騰する温度を100℃と定めその間を100等分したものを単位とした温度である。
　絶対温度の一目盛りは、摂氏温度と同じである。つまり温度差にしてしまうと、絶対温度も摂氏温度も同じなのだ。では何が違うか？　答えは、零度の基点が異なる。絶対温度の零度は、この世で一番低い温度を基点（０度）とし、単位は「Ｋ（ケルビン）」である。
　「この世で一番低い温度」って何だろう？　疑問はさらにふくらむ。これを理解してもらうには今度は、温度とは何かを知ってもらわねばならない。
　「温度」ってなんだろう。熱い物体で高く、冷たい物体では低いものだ、というのもひとつの答えではある。しかし物理では対象をなるべく定量的に表したい。そこで温度という

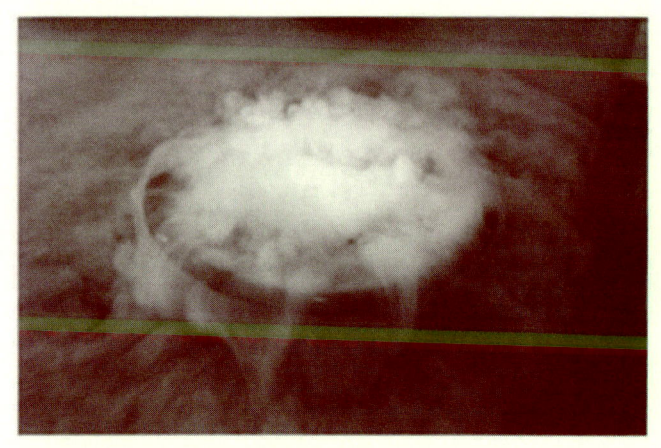

絶対零度（イメージ）

単位が考案された。

　熱い物体では多く、冷たい物体では少ないものとは、実は、物体を構成する分子の運動エネルギーなのである。私たちが触って「熱い」と感じる物体では、「冷たい」と感じる物体より、分子運動の平均値が大きいのである。つまり「熱い」物体の分子の中には、遅く動いているものも、速く動いているものもあるが、その平均値が大きいのだ。

　従って、温度の高いほうには上限がない。運動はどんどん激しくできる。ところが低いほうには下限があるということがおわかりだろうか。そう、全ての分子が運動しないところまで下がってしまうと、温度はそれより下がりようがない。この温度を「絶対零度」というのである。

　いったいそりゃあどんな低い温度なんだ。摂氏でいうと、マイナス数万℃？　と思った人、大間違い。実は意外と小さい。なぜそうなるかの説明は省略するが、「－273.15℃」が

第9章　量子忍法

「0.0K（ケルビン）」である。

　長くなったがここまでは前置きで、これからが本論になる。

　絶対零度の世界。それは何ものも動く物のない、ひたすら冷たく静まりかえった世界である。

　と聞いて疑問を持った人はいないだろうか？　いたらその人合格。何に合格か？　量子論に合格。

　なぜって、全ての粒子が止まった世界は、不確定性原理に反するのだ。ここまで書くと、これをここまで読み進めてきたみなさんには理解いただけると思う。

$$\Delta x \cdot \Delta p \geqq h/4\pi$$

を思いだしてもらいたい。粒子が静止する、とは上記の式で、Δx（位置の不確定）をゼロにすることである。すると Δp（運動量の不確定性）は無限大になる。つまり静止していられない。従って「絶対零度」でも物質は運動量（速度）を持つのである。

　h（プランク定数）と折り合いの取れた範囲で、位置も運動量も不確定な状態になる、ということである。

　古典物理では、絶対零度は、まさに全てが停止した世界であった。ところがそれだと説明できない現象が発見されたのである。

　　（1）ヘリウムは絶対零度でも固体にならない。（凍らない）

　　（2）あらゆる金属は、絶対零度に近い極低温で電気抵抗がなくなる。

このふたつが代表的な現象であろうか。

　（1）であるが、ヘリウムは凍らないだけでなく、極低温で非常に奇妙な振る舞いをする。例えばビーカーに液体ヘリ

ウムを入れて温度をどんどん下げて行くと、極めて絶対零度に近い温度で、液体がビーカーの壁をはい上がって自然に外へ漏れ出す、という現象が見られる。これは古典物理では説明がつかない。量子論を用いて初めて解答が出せる現象なのである。

　これを、「量子忍法絶対零度・超流動の術」と呼ぶ。(私がつけた名前だから、人前でいわないように。)

　次は（2）である。これを「超伝導」と呼ぶことは割と知っている人が多いと思う。従ってここからは「量子忍法絶対零度・超伝導の術」の話である。電気抵抗がないということは、一度流した電流はいつまでたっても減衰しない、すなわち同じ強さで流れ続けることになる。電線をコイル状にしておけば、電磁石が作れることはご承知と思うが、極低温でこれを作ると電流が減衰しないため、非常に大きな磁場を得ることができる。これを浮力として利用した高速列車が実用段階に入りつつある。

　これは、（1）の凍らない液体ヘリウム（−269℃）でニオブチタン合金を冷やし（2）の超伝導を利用して安定な磁場を得て走る列車であり、名付けて「量子忍法絶対零度・リニアモーターカーの術」という。

2．霧隠れ

　子どもの頃観た忍者漫画や映画の定番は、煙と共にドロンドロン（古臭〜）と姿を消してしまうものであった。
　ただし、ここでいっているのは、単なる煙玉を相手の目の前で破裂させ、その隙に逃げるといったものでなく、両手を

第9章　量子忍法

霧（イメージ）

人差し指で繋ぎ、呪文を唱えると霧と共にどこへともなく消えてしまう現象のことである。いま考えればとても現実的には見えず、ましてや科学的とも思えない。

しかし、h（プランク定数）がもし、とてつもなく大きかったら、ということを考えると、これは非常に科学的で現実的なものとなる。名づけて「量子忍法霧隠れの術」である。

「大きなh」とは何だろう。また不確定性原理に登場願う。

$\Delta x \cdot \Delta p \geq h/4\pi$　（$h = 6.62606957 \times 10^{-34}$ J秒）

仮に体重50kgの忍者について次のことを考えてみたい。

（1）忍者の存在する位置が10m程度不確定になる場合

$\Delta x = 10$（m）であるから、

$\Delta p \geq (6.62606957 \times 10^{-34})/4\pi/10 = 5.27286 \times 10^{-36}$

とてつもなく小さな運動量の不確定である。ほとんど確定しているといってもよい。位置の不確定が10mあっても、その忍者がどちらへどのくらいの速さで動いているかが確定し

ているのだから、忍者の存在は丸見えである。
　(2) 忍者の運動量（質量×速度）が 50 (kg) × 10 (m/秒)で不確定になる場合

　　$\Delta p = 500$ (kg・m/秒) であるから、
　　$\Delta x \geq (6.62606957 \times 10^{-34})/4\pi/500 = 1.05457 \times 10^{-37}$

これまた、とんでもない小さな位置の不確定さである。どちらへどのくらいの速さで動いているのかの不確定が 10 m/秒であっても、忍者がどこにいるかがはっきりわかる。従って忍者の存在はやはり丸見えである。

　だから忍者は霧隠れできない。

　ところが、もしも、$h/4\pi$ が、1000 J 秒くらいあったらどんなことが起こるか、上記と同じ設定で考えてみよう。

　(1) 忍者の存在する場所が 10 m 程度不確定になる場合

　　$\Delta p \geq 1000 \div 10 = 100 = 50$ (kg) ×2 (m/秒)

なんと、位置の不確定が 10m のうえ、速度の不確定まで 2 m/秒である。

　これは、忍者が 10m の範囲のどこかにいて、2m/秒の範囲のいずれかの速度で動いていることになる。なんとなく朦朧とした忍者になってしまう。

　(2) 忍者の運動量（質量×速度）が 50 (kg) ×10 (m/秒)で不確定になる場合

　　$\Delta x \geq 1000 \div 500 = 2$ m

これも忍者が 10m/秒内の速度の不確定さで、2m の範囲のどこかにいることになり、朦朧としか見えないと思われる。

　忍者が呪文を唱えると、h（プランク定数）の値を変える

ことができるとすれば、忍者はその瞬間、なにか霧のように朦朧とした存在になることができるのである。

　ただし忍者自身がその朦朧とした存在で、意識を持っていられるか否かは、定かではない。

3．超光速

　相対性理論によれば、この宇宙に光速度より速いものはない。その理由は、光以外のいかなる物質も光速に等しくなると、その物理量がおかしくなってしまうからだ。（ローレンツ因子で、vとcが等しくなると、因子が無限大になってしまう。【コラム－01 相対性理論】参照）

　ところが量子論は光速度を超えるものを見いだしてしまっ

超光速（イメージ）

た。名づけて「量子忍法超光速の術」、である。

　超光速ということは「瞬間移動」であり、これを「テレポーテーション」という。ＳＦに登場するエスパーは、必ず「テレポーテーション」と「テレキネシス（念動力）」を使うことになっている。しかしここで話をするのはＳＦの話ではない。

　ある粒子の波動関数は、それが測定された瞬間に消えてしまう、という話をした。（第６章　３項参照）

　簡単におさらいをする。

　粒子というものは、それが実際に観測されるまでは、波動関数という複素関数であり、複素関数ゆえにそれは「見えない量」なのであった。しかし、この波動関数を２乗したものが、存在確率という実数になるので、波動関数そのものも意味を持つのである。

　いま、空間に一個の電子を持ってきて、この電子からたった一個の光子を放出する。光子は、観測される前は波動関数である。従ってそれは、電子の周りを同心球状に広がって行く複素関数である。なんの初期条件も与えなければ、この複素関数を２乗したものは、電子を原点とした光速度で広がる球の場所が存在確率の大きい実関数になる。

　ところが、ある点、例えば電子から10光年離れた場所でこの光子を観測したものがいるとする。するとその瞬間に波動関数は消える。（これを波束の収縮と呼ぶのであった。）とすると、いま光子が観測された場所と電子をはさんだ反対側（20光年離れている）では、光子が観測された瞬間に波動関数が消えるのだから、「反対側で光子が観測された」という事実は光速を遥かに超えて伝わることになる。これは相対性

第9章 量子忍法

理論に反しないのか？

　私見である。
　上記の現象で伝わっているのは、実は粒子（物質）ではなく、当然エネルギーでもない。伝わっているのは単純な「事実」であると私は考える。単純な事実とは、私の造語であるが、そうとしかいいようがない。譬えていえば。地球に妻がいて妊娠しているとする。夫は、10光年離れた星に出張中である。そしてある日妻は出産する。その瞬間に夫は父になる。これは光速を超えた伝達ではないのか？　と私は思うわけである。
　この伝達はエネルギーや情報伝達ではないので、相対論に反するものではない、と考えられるのである。

　第2の例をひく。
　空間に粒子Aを持ってきて、これがふたつの粒子BとCに分裂するとする。この分裂というひとつのイベントで、ふたつの粒子ができるところがミソである。ふたつの粒子BとCは、ひとつのイベントで発生したのであるから、双子の粒子ということができる。何度もいうようだが、このふたつの粒子BとCは、誰かが観測するというような外乱が入らない限り、ひとつの波動関数で表現される。そしてこの双子の粒子は途中に障害物がない限り、永遠に跳び続ける。
　ところが、途中に観測器を仕掛け、飛び込んできた一個の粒子Bの属性（例えば運動量）を測定した、とする。すると双子の粒子のもう一方Cの運動量もその瞬間に決定されてしまうのである。これは同一のイベントで発生したふたつの粒

子だからいえることである。

さて、そうすると何がいえるか？ たとえ双子の粒子が何十万光年離れていようと、片方の粒子が観測された瞬間にもう一方の粒子の属性が超光速（というより速度無限大）で伝達されることになる。

EPR（Einstein、Podolsky、Rosen）の3人は、これはパラドックスである、として論文を提示した（俗にいうEPR論文）。そして、このような関係にある粒子BとCをEPRペアと呼び、この粒子BとCのテレパシーで繋がったような関係をEPR相関という。

EPRの主張はここでは述べないが（詳細は第7章 2項参照）、なんとこのEPR相関の正しさが、アスペやクラインポッペンによって実験的に確かめられてしまった。（まさに事実は小説よりも奇なりである。）

4．テレポーテーション

前項で、EPR相関を持つ粒子（EPRペア）は、状態の変化を超光速（無限大）で伝達できる、という話をした。

しかしよく考えれば、「だから何だ、実際には何の役にも立たんではないか」、と思う人がいるかもしれない。この問いは鋭いのであるが実は別の側面で有用性があるのだ。

そこで今回は、EPR相関を二段構えで使った有名な理論を紹介する。「量子忍法テレポーテーションの術」である。これから話すことは1993年に提唱されたもので、非常にわかりづらいのであるが、とても面白いので、是非理解することをお勧めする。

第9章　量子忍法

それをいいだしたのは、ベネット（チャールズ・ヘンリー・ベネット 1943〜　アメリカ）である。彼は、ハーバード大学で博士号を取得後、アメリカのＩＢＭ社トーマス・Ｊ・ワトソン研究センターに在勤、現在はＩＢＭフェロー。物理学と情報科学の接点を研究対象とし、さまざまな成果を残している。両親が音楽教師であったことも影響して、音楽と写真が趣味ということである。（宇宙物理学者にもチャールズ・ベネット博士がいるが、別人である。）

C. ベネット

大切なのは目に見える情報の量ではなく、情報の取捨選択にあるとし、発信者の編集力が情報の価値を決める、ということをいっている。

まず、「量子絡み合い（エンタングルメント）」を説明しなければならない。

といってもこれは難しくない。ＥＰＲ相関を持ったふたつの粒子が互いに逆の属性を持つとき、それを「絡み合っている」と表現する。例えば電子であればスピン（右回りと左回り）、光子であれば偏光（水平と垂直）を考えたとき、それぞれ逆の性質を持ったものに別れるようにＥＰＲ相関させるのである。なぜこんなことを考えるかというと、片方の属性を観測してやればもう一方の属性が決まってしまうことになり、何かと都合がよいからだ。（もちろん、どちらかを観測するまでは、両粒子は互いに反対の属性を重ね持つ波動関数である。）

図13 ビームスプリッタ

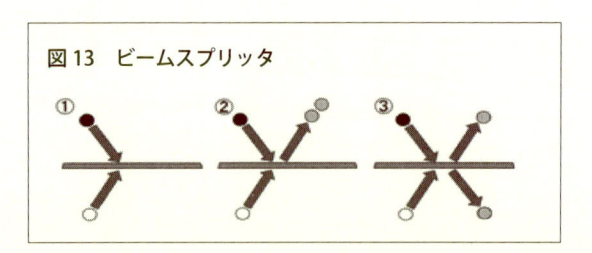

　さて、単純に量子絡み合いの状態を作ることは、技術的にそれほど困難ではない。例えば何らかの粒子の崩壊で、電子2個を作ればよい。電子のスピンは右回りか左回りしかないので、2つの電子は必然的に絡み合いの状態になる。(このように生まれながらに絡み合いの状態にある粒子を作る方法をパラメトリックダウンコンバージョンという。)

　問題は、普通に飛んできた二つの粒子を絡み合いの状態にすることだ。

　図13にビームスプリッタという方法を示す。真ん中にある敷居は、ハーフミラーで、入射粒子を篩にかけるのでスプリッタと呼ぶのである。①のように、二つの光子をハーフミラーにぶつける。このとき、それぞれの光子は、確率五分五分で反射するか透過する。上の光子が反射し、下の光子が透過すれば、②のようになる。しかし、上下の光子が共に反射するか、共に透過すると③となる。

　注目すべきは、③のケースである。この場合、右上へ進む光子と右下へ進む光子は、入射した二つの光子のどちらであるかを区別できなくなるのである。つまりここで二つの光子は絡み合う。

　詳しい説明はしないが、③の場合このビームスプリッタにより現れる状態は4種類になることがわかっている。

第9章　量子忍法

入射する二つの光子の状態を
　|0⟩、|1⟩
と表すと、二つの光子の状態は、
　|00⟩、|01⟩、|10⟩、|11⟩
となる。これが、量子絡み合いを起こすと、
1) $1/\sqrt{2}$ (|00⟩ + |11⟩)
2) $1/\sqrt{2}$ (|00⟩ − |11⟩)
3) $1/\sqrt{2}$ (|01⟩ + |10⟩)
4) $1/\sqrt{2}$ (|01⟩ − |11⟩)

という四つの状態で表される。絡み合った後の光子の状態を測定することで、上記の四つの内、どの状態になったのかが、判定できる。

しかし、これは実現が難しい。つまり、入射する光子を同時にスプリッタにぶつけなければならないからだ。

実はこれから説明しようとする量子テレポーテーションは、パラメトリックダウンコンバージョンというものと、ビームスプリッタを組み合わせて実現する。

ここで図14を見てもらいたい。（見ながら以下の文章を読んでもらうといい。）

（1）EPRソースから、絡み合った粒子（X、Y）を放出する。（パラメトリックダウンコンバージョン）

（2）アリスは、自分が送りたい粒子Sと粒子Xを絡み合わせる。（ビームスプリッタ）

（3）粒子Sと粒子Xは、粒子Vと粒子Wという絡み合った粒子になる。

（4）粒子Vと粒子Wを測定し、四つのどの状態か判定する。

図14 量子テレポーテーション

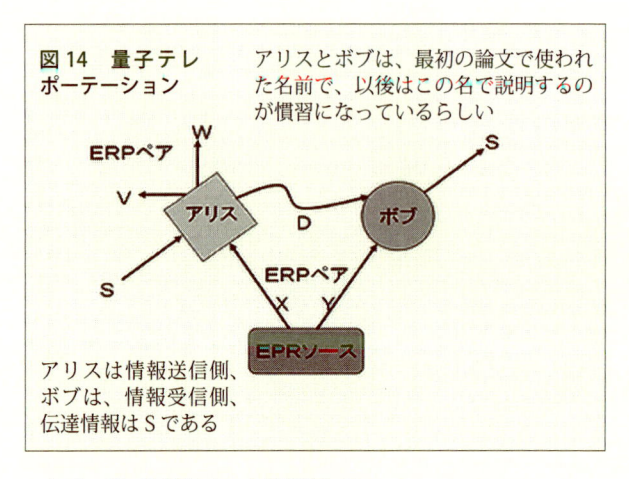

アリスとボブは、最初の論文で使われた名前で、以後はこの名で説明するのが慣習になっているらしい

アリスは情報送信側、ボブは、情報受信側、伝達情報はSである

（5）ボブが粒子Yを観測する。
（6）アリスは、（4）で判定された状態を（D）でボブに伝える。
（7）ボブは、その情報と粒子Yで粒子Sを復元する。

理解できただろうか。

粒子Sというのは、アリスがボブに送りたい情報を持っていると考える。粒子Xと粒子Sはビームスプリッタの手法で絡み合わされ、その結果を測定することで4つの内のどの状態になったかを知ることができる。

ところが、結果を測定することで、XとYの絡み合いが崩れる（波束の収縮）ので、Yの状態が確定する。

アリスは、測定結果をボブに知らせる。

ボブは、アリスから受け取った情報を元にYからSの状態を復元できる。

このとき、アリスは、絡み合った粒子VとWを観測するの

みで、粒子Ｓ、粒子Ｘの状態を知ることはない。

だが、ボブは粒子Ｓの情報を復元できる。これで「テレポーテーション」完成！　と、喜んではいけない。

アリスとボブは通常手段での通信（Ｄ）で測定結果を送らねばならず、残念ながら「瞬間移動」は実現できない。残念！　従って光速度を超える情報伝達も不可能ということになり、相対論も安泰なのである。

なーんだ、とがっかりした人、ここで読むのをやめてはいけない。実はこの項で話したことがとんでもない応用を生むのである。

5．スパイ大作戦

おはようフェルプス君。情報セキュリティーが非常に重大な問題になっているいま、情報を完全に守る暗号化方式が求められている。そこで君への指命だが、いかなる手段を用いても絶対に解読できない暗号方法を突き止めることにある。例によって、君もしくは君のメンバーが捕らえられ、あるいは殺されても、当局は一切関知しないからそのつもりで。なお、この文章は自動的に消滅しない（するわけがない）。成功を祈る。

左の写真や文章を見て懐かしく思う人、少ないだろうなあ。念のためいっておくが、トム・クルーズの「ミッション・インポッシブル」は、リメイクで

I (Impossible)
M (Mission) F (Force)

すよ。(個人的にはトム・クルーズ版は、原作を冒涜するものだと私は感じている。M:I-2に至っては、「スパイ大作戦」のリメイクですらなく、ほとんど「スーパーマン」の世界だ。)

さて、絶対に解読不能な暗号ってあるのだろうか? 実は存在する。名づけて「量子忍法スパイ大作戦」である。

前項で用いたアリスとボブの図、実はこれが絶対解読不可能な暗号情報になっているのだ。それを説明する。

アリスとボブの他にイヴがいたとする。(暗号業界では、盗聴者のことをイヴというのが通例だそうな。)イヴは、アリスとボブの間に交わされる情報(S)を知りたい。手段は以下である。

　　(1) 量子論的手段でアリスとボブの間に無理矢理割り
　　込んで、情報(S)を直接読み取る
　　(2) 古典物理的手段で、アリスからボブへの情報(D)
　　を読み取る
上記のふたつの方法は、両方そろっていなければ解読できず、どちらも必要な情報の片方しか得られない。従って盗聴は成立しない。

　　(3) 情報(S)も(D)もどちらも読み取る
これは、情報(S)をイヴが読み込んだ瞬間に、粒子Sと粒子X(あるいは粒子Y)の「絡み合い」が壊されるので、アリスやボブは、イヴの存在を必然的に知ってしまう。そこで情報(D)を送らない。従ってやはり盗聴は成立しない。

一般に暗号の解読には数学的アルゴリズムが存在し、これを知れば、解読は可能なのである。現在においては、そのアルゴリズムにおいて元の情報を計算するのに、スーパーコン

ピュータを使っても数億年かかる、という理由で暗号解読不可能が保証されている。

ところが、この量子通信では、暗号解読が物理的に不可能になっている。絶対安全な情報通信である。これを一般には「量子暗号方式」という。

6．壁抜け

これが最後の項である。これが出てこないと量子論は終わらない。

それほど有名なのが、名づけて「量子忍法壁抜けの術」、知っている人のために一般的用語でいうと、「トンネル効果」という。

この「トンネル効果」は、大概の本には「物質が壁を壊さないでそこを通り抜ける」と書かれていることが多い。正にそのまま「壁抜けの術」である。しかし、これはあまり良い比喩とはいえない。

ある粒子にとって、「エネルギー的な壁」があるとき、その壁に対して粒子はどのようなふるまいをするのかを、なるべく正確に記述してみよう。

そこでまず「障壁ポテンシャル」というものを考える。ポテンシャルとは、仕事をする能力のことである。わかりやすくいうと、物体に力を加えることができる潜在的なエネルギーである。ここがとても理解しづらいところである。図15を見てもらいたい。

ある粒子（この場合電子とする）が左から右へ走っているとする。図15の上図を見てもらいたい。中間点へ向かうと

図15 障壁ポテンシャル

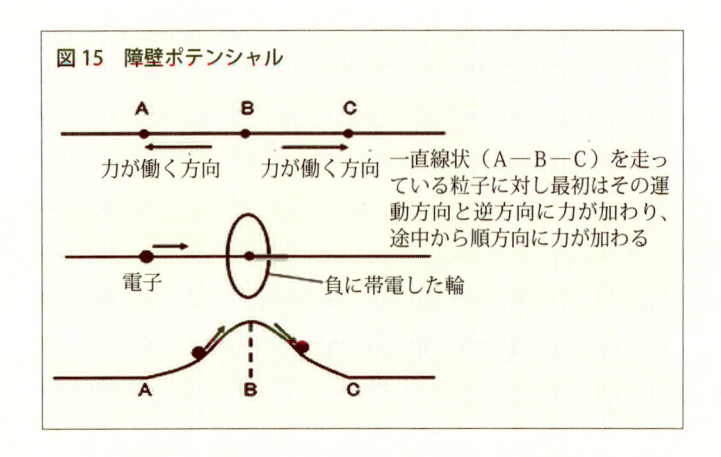

```
    A        B        C
 ●———————●———————●
  ←力が働く方向  ←力が働く方向
```
一直線状（A―B―C）を走っている粒子に対し最初はその運動方向と逆方向に力が加わり、途中から順方向に力が加わる

電子　　　負に帯電した輪

きは、徐々に減速されるような力を受け、中間点から遠ざかるときは、加速されるような力を受ける。このようなケースを、障壁ポテンシャルが存在する、という。具体例は中図である。負に帯電した針金の輪を左から来た電子がくぐり抜け遠ざかって行くものとする。

　近づく場合は、負と負で退け合う結果減速の力が働き、遠ざかる場合は同じく負と負の力が加速する方向に働く。この場合、針金の輪が、電子にとっての「障壁ポテンシャル」になっているのである。

　一般的には、下図のように坂を登ったり、降りたりする図がよく見られるが、中図と比べて見ればわかるように、粒子は一直線上を走っているのであり、上下に振れているわけではない。ただエネルギーの大きさを図に書くと、下図のようになるのである。

　さて電子の初速が障壁ポテンシャルより小さければ、電子

第9章　量子忍法

図16　障壁ポテンシャルと粒子の存在確率

障壁ポテンシャル

電子のエネルギー

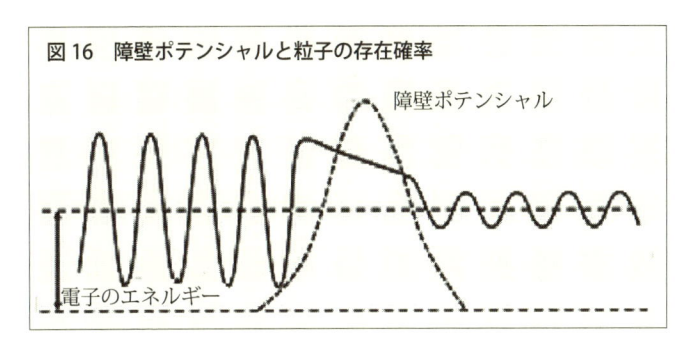

は針金の輪をくぐりぬけることはできない。常識的に考えてそのはずである。

　ところが、量子論を適用すると粒子の振る舞いは、波動関数になるのであった。

　繰り返して説明するが、波動関数とは複素関数であり、虚数が含まれるので私たちが実際に見ることはできない。しかし、波動関数の2乗を作るとそれが粒子の存在確率を示す波になるのである。

　上記の電子の例における波動関数（の2乗）を図にするとそれが図16になる。よく見てもらいたい。電子のエネルギーは、障壁ポテンシャルより低い。古典力学なら、電子は全て障壁ポテンシャルで反射され、障壁ポテンシャルを越えることはない。

　ところが、量子論の波動関数で表された電子では、障壁ポテンシャルを越えて右側へ行ってしまう確率がゼロにならない。これは何を意味するかというと、多量の電子を障壁ポテンシャルに向けて照射すれば、そのうちの何個かは障壁をくぐり抜けてしまうことを意味する。これを「トンネル効果」というのだ。

この「トンネル効果」は、原子にも適用される。具体的にいうと、目の前に壁があって、跳躍能力のない人間がその壁に体当たりするとき、原子のかたまりである壁を、これまた原子のかたまりである人間が壁の向こうへ抜けてしまう確率がゼロではないのだ。

江崎玲於奈

　計算すると、体重60ｋｇの人が壁に体当たりを繰り返し、スルっと向こうへ抜けてしまう(つまり「忍法壁抜けの術」が成功する)確率は、100……00回に1回となる。100……00回とは、1の次に0が10^{24}並ぶ数である。(ただの24個ではないので注意。)これだけとてつもない回数壁にぶつかったら、一回くらいは、通り抜けることがあるかも……ということであり、ちょっと忍法としては使い物にならない。

　しかし、ミクロの現象にこれを応用して半導体を作ったのが、江崎玲於奈(1925〜　日本)であり、この半導体を「トンネル・ダイオード」あるいは「エサキ・ダイオード」という。「忍法壁抜けの術」を夢物語で終わらせなかったことが偉いところである。

終　章

　量子論を知って驚くことが二つある。

　一つは「不確定性原理」である。これは、決定論を覆した。いかなる瞬間でも、未来は決定されていない。

　粒子の「位置の幅」と「運動量の幅」は同時にゼロにはできない。この事実が未来を不確定にする。なぜなら、ある瞬間の粒子の居場所と行く先がわからないといっているのだから。

　ある瞬間の粒子の状態とは、波動関数という幽霊波で表現されるものだった。波動関数には虚数項が含まれるために、関数自体が観測にかかるわけではない。ところが、波動関数を2乗すると、それは粒子がどこに存在するかの確率となることが示された。観測されるまでは、粒子というものはどこに存在するのかさえ確率的にしか理解できないものだった。

　あまり嬉しくはない結論である。我々の意志が未来を変えることができる、ということではなく、未来は、「神がさいころを振って」決まるものであったということだ。

　人間の脳内のシナプス間を飛び回る電子の動く確率が未来を決めている、という意味で、あなたが未来を決めている、と考えるのは一つの解釈である。マクロにはそう見えても、個々の電子は意志で行く先を決めるわけではない。

未来は決定されていない、その事実にあなたは安堵するだろうか、それとも狼狽するだろうか。

　二つ目である。
　量子が絡みあった場合、その相関は、この宇宙全体を一つの系にする。
　意味がわからなかったかもしれない。本文内で使った言葉でいいかえれば、ＥＰＲ相関を持った粒子は、どんなに離れても、一方の粒子の観測によって、他方の粒子の状態を決めてしまう、ということである。
　そのようにいってもまだ、「それがなんだ」と思う人が必ずいるに違いない。しかしこの事実は、非常なる驚異なのである。
　あなたが、何かを観測するという行為は、全宇宙に影響するかもしれない、ということだからだ。
　宇宙の彼方で相関を持った光が遥かに旅をして地球にやってきた。その光をあなたが見た。夜空に煌めく星々の輝きをあなたは見ている。ところが、その星の光をあなたが見たという事実が、宇宙の彼方にいる別の粒子に影響を与える、といっているのだ。
　そのように宇宙はできている。

　このように、我々の考え方に革命的な影響をもたらした量子論であるが、実はその恩恵は計り知れない。量子論なしには現在の電子工学の産物はほとんど存在しない。トンネルダイオードを持ち出す以前に、そもそも金属中を動く自由電子の特性は、波動関数なしには説明できない。

終　章

　あなたがいま使用している電化製品は全て量子論から生まれたものと断言できる。

　遠いようで身近なもの、それが量子論である。

　量子論は、「シュレーディンガーの猫」に代表されるような、未だに結論がでていないような解釈の問題を残しながら、実用面では大きな成果を上げる一面も持っている。

　そのような議論を経ながら、量子論は現代物理の基礎理論としてあらゆる分野に必要とされるようになった。素粒子論や、宇宙論も量子論なしには論ずることはできない。

　最後に、いっておきたい。

　量子論の面白さは、物理学の分野では群を抜いている。量子論を知ることをきっかけとして、みなさんに物理に興味を持っていただき、そこを起点としてさらに先の世界に進んでいただきたいのである。

索引

青の公式　35
赤の公式　35
アキレスと亀　84
α線　26
EPR相関　153
EPRパラドックス　152
位置と速度　70
陰極線　22
エネルギー保存則　98
遠隔力　93

仮想光子　98
神は、サイコロを振らない　142
γ線　26
近接力　93
決定論　7
原子物理学　25
光速度　13
光量子　29
黒体放射　31
コンデンサー　91
コンプトン効果　55

時間とエネルギー　81
シュレーディンガーの猫　136, 140
シュレーディンガーの波動方程式　137
真空のゆらぎ　85
真空放電　21
スイカモデル　24
スピン量子数　167
スペクトル　39
絶対零度　179
ゼノンのパラドックス　84
CERN　17
相対論効果　14

中間子論　173
強い相互作用　171

定常状態　82
ディラックの海　105
電子　21
電磁カスケード・シャワー　101
電磁気力　169
ド・ブロイ波　57
トンネル効果　195

ニュートリノ　17
ニュートン力学　13

場　88
パウリの排他律　165
波動関数　118
万有引力　169
不確定性原理　74
複素関数　121
プランク定数　14
フレミングの左手の法則　90
β線　26
ベータ崩壊　172
ボーアとアインシュタインの論争　129
ボーアの量子条件　53

無限等比級数　37

油滴実験　22
陽電子　110
弱い相互作用　171

ラプラスの悪魔　65
量子　29
量子暗号方式　195
量子絡み合い　189
量子状態　166
量子電磁力学　114
ローレンツ因子　16

惑星モデル　24

著者：福士　和之（ふくし　かずゆき）
　1958年北海道生まれ。弘前大学理学部物理学科を卒業し、制御用計算機のエンジニアとして現在に至る。物理好きが高じてそのおもしろさを広く一般の人に知ってもらいたく、物理エッセイを書いている。物理以外の趣味は各種コンサートに足を運ぶこと。バレーボールとお酒を愛する茨城在住の中年男である。
　著書：『わかってしまう相対論』（海鳴社）、HP：物理学喫茶室　http://www1.odn.ne.jp/~cew99250/index.html

＊＊＊＊＊バウンダリー叢書＊＊＊＊＊
わかってしまう量子論

2014年 6月10日　第1刷発行

発行所：㈱海鳴社　http://www.kaimeisha.com/
　　　　〒101-0065　東京都千代田区西神田2-4-6
　　　　Eメール：kaimei@d8.dion.ne.jp
　　　　Tel.：03-3262-1967　Fax：03-3234-3643

発 行 人：辻　　信　行
組　　版：海　鳴　社
印刷・製本：シナノ印刷

JPCA
日本出版著作権協会
http://www.jpca.jp.net/

本書は日本出版著作権協会（JPCA）が委託管理する著作物です．複写（コピー）・複製，その他著作物の利用については事前に日本出版著作権協会（電話03-3812-9424, info@jpca.jp.net）の許諾を得てください．

出版社コード：1097
ISBN 978-4-87525-309-9　　　　　© 2014 in Japan by Kaimeisha
落丁・乱丁本はお買い上げの書店でお取替えください

─────── 海鳴社 ───────

ゲーデルの世界　完全性定理と不完全性定理

廣瀬健・横田一正／「記念碑以上のもの」(ノイマン)であるゲーデルの業績は数学以外の世界にも衝撃を与えている。ゲーデルの生涯と二つの定理を詳述。46判220頁、1800円

川勝先生の物理授業　全3巻　A5判、平均260頁

川勝 博／これが日本一の物理授業だ！愛知県立旭が丘高校で、物理の授業が大好きと答えた生徒が、なんと60％！しかも単に楽しい遊びに終わることなく、実力も確実につけさせる。本書は実際の講義を生徒が毎時間交代でまとめたものである。

【上巻】：力学 編　2400円

【中巻】：エネルギー・熱・波・光編　2800円

【下巻】：電磁気・原子物理 編　2800円

オリバー・ヘヴィサイド
── ヴィクトリア朝における電気の天才・その時代と業績と生涯

P.ナーイン著、高野善永訳／マックスウェルの方程式を今日知られる形にした男。独身・独学の貧しい奇人が最高レベルの仕事をし、権力者や知的エリートと堂々と論争。A5判320頁、5000円

原子理論の社会史　ゾンマーフェルトとその学派を巡って

M.エッケルト著、金子昌嗣訳／現代物理学の源流──ローレンツ、ボーア、アインシュタイン、ハイゼンベルグなどとの交流を激動する歴史の中で捉える。46判464頁、3800円

わかってしまう相対論　簡単に導ける $E=mc^2$

福士和之／特殊相対論を高校生にもわかるように本格的に解説。そこから簡単に $E=mc^2$ を導く。さらに4次元空間やタキオンでの遊びを紹介。《バウンダリー叢書》46判208頁、1600円

─────── 本体価格 ───────